W0257592

Die
Kreisläufe der Luft

nach ihrer

Entstehung und in einigen ihrer Wirkungen.

Von

W. Weise,

Kgl. Preuss. Oberforstmeister und Direktor der Forstakademie zu Münden.

———

Mit 8 Textfiguren und 4 lithographirten Tafeln.

Springer-Verlag Berlin Heidelberg GmbH 1896

Additional material to this book can be downloaded from http://extras.springer.com

ISBN 978-3-662-32363-2   ISBN 978-3-662-33190-3 (eBook)
DOI 10.1007/978-3-662-33190-3

Vorwort.

In unseren Tagen hat manche bisher für richtig gehaltene An-
schauung der fortschreitenden besseren Erkenntniss weichen müssen,
so dass es wohl nicht vermessen ist, wenn Jemand, der seit vielen
Jahren ein eifriger Beobachter der Vorgänge in der Natur ist und
durch diese Beobachtungen zu immer weitergehenden Zweifeln an der
Richtigkeit von manchen bestehenden Lehren über meteorologische
Erscheinungen gekommen ist, endlich zur Feder greift, um die eigenen
Gedanken mitzutheilen. Jahre lang hat der Verfasser immer wieder
diese Gedanken in sich verschlossen, einmal, weil sie ihm zu unbe-
deutend erschienen, dann aber, weil ihm die Zeit fehlte, um dieses
für ihn abseits liegende Gebiet in allen Tiefen wissenschaftlich zu
durcharbeiten und zu durchdringen. Der erste Grund des Bedenkens
ist fallen gelassen, weil Jahr um Jahr vergangen ist, ohne dass von
anderer Seite eine Auffassung der gesamten Vorgänge in unserem
Luftmeere gegeben wurde, wie sie hier ausgesprochen ist, die An-
knüpfungspunkte aber sich stetig mehrten, dass sie ihre Berechtigung
hat. Der zweite Grund musste zurücktreten, um wenigstens Anderen
zu gestatten, den Ausbau zu übernehmen.

So übergebe ich denn diese Blätter der Oeffentlichkeit mit der
Bitte um eine wohlwollende Prüfung.

Wenn ein Forstmann es unternimmt, an die Behandlung so
schwieriger Probleme heranzutreten, so findet das eine Erklärung
darin, dass gerade die Beschäftigung des Forstmannes ihn häufig zwingt,
bei Sturm und Wetter draussen zu sein und Thal und Höhe zu durch-
wandern. Wenn ihn der Aufruhr in der Natur als solcher interessirt
und er beobachten will, so treten ihm bei seinen Wegen eine Menge

von Dingen entgegen, die niemals allein durch Ablesung an den
wenigen überall nur zur Verfügung stehenden Instrumenten erkannt
werden können. Ein Forstmann lernt dann durch seinen Beruf, wie
wohl kaum ein Anderer, die oft ins Unglaubliche gehenden Waldver-
wüstungen eines einzigen Sturmes kennen. Wen sollte ein solches
Bild der Zerstörung nicht auch anregen zum Nachdenken über die
Ursachen, welche derartige Gewalten zu entfesseln vermögen? Oft
bleiben Monate lang die Spuren des Sturmes unverwischt, viele Jahre
hindurch die Bahnen noch erkennbar und in mancher Beziehung liegt
daher gerade dem Forstmann oft ein reiches Studienmaterial vor.

Erwähnen will ich noch, dass mir mehrfach das von den einzelnen
Oberförstereien gesammelte Material über den Verlauf gewaltiger
meteorologischer Ereignisse und ihre Schadenswirkungen in ganzem
Umfange zur Verfügung gestanden hat, um daraus in kurzen Zügen
eine Darstellung zu geben. Solche Arbeiten haben mich immer wieder
auf die Ergründung der ersten Ursachen unserer Stürme zurückgeführt.

Ich bin mir wohl bewusst, dass das, was in den nachstehenden
Blättern gebracht ist, keine lückenlose Arbeit, vielmehr eigentlich nur
eine Skizze ist, und dass mancher Einwand erhoben werden wird, aber
ich hoffe, dass der richtige Werkmeister sich bald finden wird, der
in den Aufbau des Ganzen die hier gebotenen Bausteine einfügen wird.

Münden im März 1896.

Weise.

Inhalt.

Einleitung.

Als den Urquell der Bewegung von Wasser und Luft haben wir die Drehung der Erde um ihre Achse und die Fortbewegung der Erde in ihrer Bahn um die Sonne anzusehen. Diese Kräfte sind so mächtig, dass die ganze Erde ihnen ihre Form verdankt bezw. das feste Gerippe der Erde sich in diese Form beugen musste. Wie die Theile eines Schwungrades aber jeden Augenblick das Bestreben haben, sich von ihrem Platze zu entfernen, so folgen dem Zwange des Erdkreislaufes die einzelnen Theile auch nur unwillig und haben das Bestreben, den Platz zu verlegen.

Auf weiten Gebieten geschieht das in langsamem Zuge, kleinere Gebiete stehen in offener Fehde mit der Erde und suchen in eigener Kraft die Umgestaltung. Die Katastrophen, die sich bei vulkanischen Ausbrüchen vollziehen, regen das Staunen unserer Sinne und unseres Geistes an und dennoch sind sie im Verhältniss zu den Aenderungen, welche sich in kleiner, aber ewig betriebener Arbeit vollziehen, vielleicht klein.

Die Bewegung der Materie auf unserer Erde ist überall bemerkbar und nicht fortzuleugnen.

Dabei wird es aller festen Materie am schwersten, leichter der flüssigen, am leichtesten der gasförmigen, den Ort zu verlegen.

Bei den Bewegungserscheinungen der festen Erdmasse sprechen eine Reihe von Zufälligkeiten mit, deren Wirkung wir nicht klarlegen können und ebenso tritt das bei der äusserst beweglichen Luft hervor, so dass man am besten bei dem Studium der Ursachen vom Wasser ausgeht.

Das ist geschehen, und von da sind die für die Luft in Betracht kommenden Bewegungsmomente angeschlossen.

Eine Fülle von kleinen Erscheinungen bei der Bewegung des Wassers sind Hülfen für den Naturbeobachter, die zum Verständniss auch der Luftbewegung führen. Es ist das aber nicht weiter in der Arbeit ausgeführt, weil man fand, dass die Klarheit dadurch nicht gewann. Wer die Natur überhaupt zu beobachten versteht, wird leicht die Analogieen selbst finden. Was und wie er dann davon lernt, ist vielleicht auch verschieden nach der subjectiven Auffassung.

1. Die Bewegung des Meerwassers in Folge der Erddrehung.

Denkt man sich die jetzt vorhandene feste Erdmasse vereinigt zu einem Rotationssphäroid von der Gestalt der Erde mit ganz glatter, abgeschliffener Oberfläche und über dieses die jetzt vorhandene Wasser masse ausgebreitet, so würde bei der Erdumdrehung, wenn sie in der gleichen Weise wie heute geschieht, das in der gleichen Breite befindliche Wasser annähernd mit der gleichen Geschwindigkeit des senkrecht unter ihm befindlichen Kerns die Drehung mitmachen, also am Pol still stehen, in der Nähe desselben langsam in Richtung der Parallelkreise fliessen, um nach dem Aequator hin entsprechend der Bewegung der festen Erdmasse in immer stärkere Bewegung zu gerathen und dort am schnellsten dahin zu stürmen.

Das Wasser würde aber als ein flüssiger und leichterer Stoff als die feste Erdmasse an jedem Punkte — abgesehen vom Pol — nicht mit der vollen Geschwindigkeit des darunter liegenden festen Kerns mitgenommen werden, sondern in etwas verlangsamter, so dass es gegenüber der Erde eine scheinbare Eigenbewegung erhält, welche der Bewegung des festen Kerns entgegengesetzt ist.

Denkt man sich die Höhe des Wassers als unendlich viele Schalen, die sich um die feste Erdmasse legen, so würde die der Erde nächste nur um ganz wenig diese scheinbare Eigenbewegung zeigen, jede entferntere etwas mehr.

Ein aus der Tiefe von der festen Erde aufsteigendes, vom Wasser getragenes Körperchen ohne Eigenbewegung würde daher nicht senkrecht von der Ablösungsstelle an die Oberfläche kommen, sondern etwas zurückbleibend, es würde sich aber in demselben Breitengrade erhalten. Die Wasser würden, vom festen Erdkern aus gesehen,

1*

scheinbar von Osten nach Westen langsam umlaufen, aber keine Bewegung in der Richtung von Süden nach Norden zeigen. (Fig. 1.)

Fig. 1.

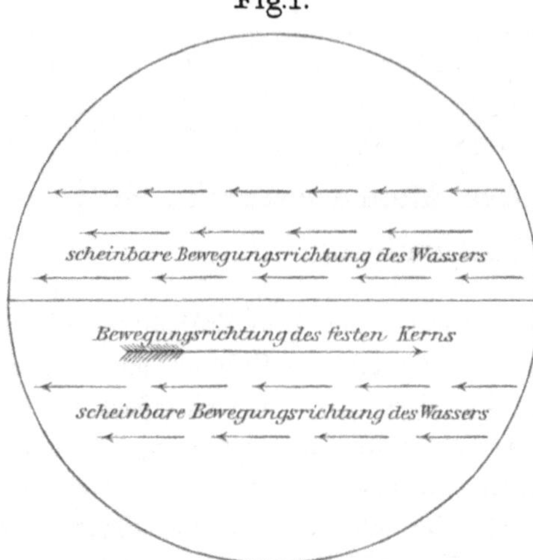

Gesetzt, wir bauten nun am Erdäquator einen Keil auf, dessen Grundriss ein gleichschenkliges Dreieck ist, und zwar in der Lage, dass die Spitze genau im Aequator liegt und das von der Spitze gefällte Loth mit dem Aequator zusammenfällt, so kommt mit diesem Hinderniss eine andere Bewegung in die Wasser hinein. (Fig. 2.) Sie werden nach Süden und Norden abgedrängt und es muss die Wirkung davon bis zu den Polen hin verspürt werden. Es entsteht an den Seiten des Keils ein Wellenberg, der die Ober-

Fig. 2.

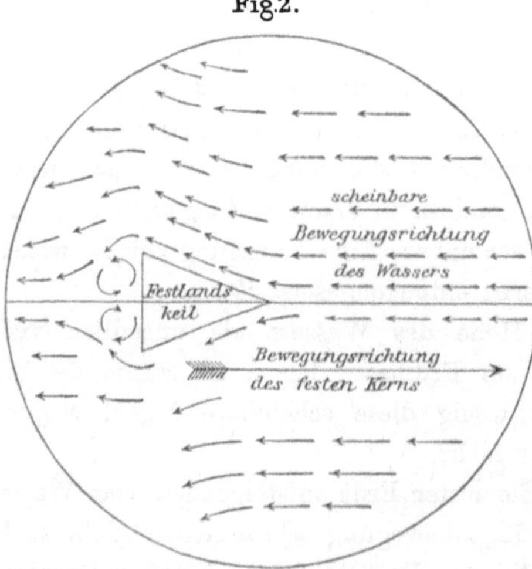

fläche in Bewegung setzt, sodann werden alle Wasser in Breiten verschoben, wo das vorhandene Wasser sich mit der Erde langsamer dreht.

Hinter dem Dreieck entsteht ein Wasserthal, was von Süden und Norden ergänzt werden muss.

Wird die Basis des gleichschenkligen Dreiecks vergrössert, so dass sie vom nördlichen Polarkreis bis zum südlichen läuft (Fig. 3), so erhalten die Wasser des Wellenberges eine Richtung von West nach Ost.

Die Verschiebung der Wasser vom Aequator nach den Polen nimmt solche Grösse an, dass die wirkliche, durch die Drehung des festen Kerns hervorgerufene Eigenbewegung des Wassers zur Erscheinung kommt. Diese geht von Westen nach Osten. Der Wasserstrom biegt also um in seiner Richtung.

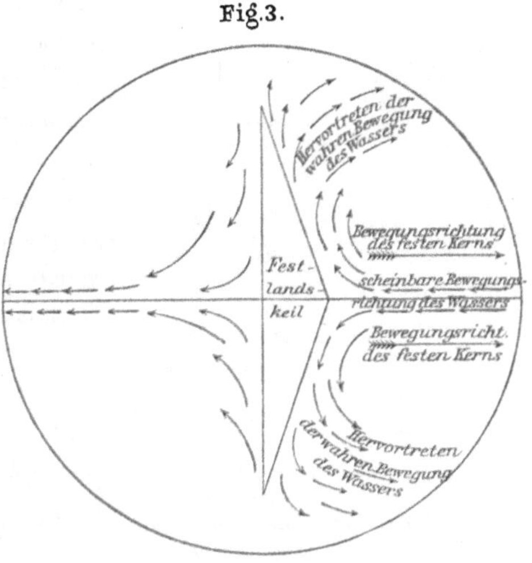
Fig. 3.

Das Wasserthal an der Basis des gleichschenkligen △ muss in Höhe des Aequators eine bedeutende Tiefe entwickeln die durch Zustrom von den Eismeeren gedeckt wird.

Der in das Wasser eingeschobene Keil (Fig. 3) bewirkt demnach eine Theilung der Wassermassen in zwei Stromsysteme, von denen das eine einen Rundlauf auf der nördlichen Halbkugel, das andere einen solchen auf der südlichen durchmacht. Da die Verhältnisse auf beiden Halbkugeln ganz gleich sind, so werden auch die Rundläufe genau die entsprechenden Bewegungen zeigen.

Die Vertheilung der Wärme, welche das Aequatorialwasser aufgenommen hat, ist für beide Halbkugeln ganz gleich, ebenso wie auch die Abkühlung durch die von den Polen zuströmenden Wasser völlig die gleiche ist.

Wenn wir einen Blick auf den Erdglobus werfen, so stellt Amerika ein unserem künstlich construirten Hindernisse analoges dar und wir finden in der That Strömungen, die den oben kurz dargelegten Gesetzen entsprechen, unter ihnen den für Europa wichtigsten und auch am meisten genannten Golfstrom.

Sehen wir uns dann die Form von Südamerika an (Fig. 4), so finden wir, dass die Natur dort einen Keil, wie er vorhin zur Erläuterung benutzt ist, geschaffen hat. Seine Lage entspricht aber nicht derjenigen, die wir vorhin angenommen hatten, vielmehr liegt die Spitze im Cap San Roque südlich vom Aequator. Construirt man sich den Keil weiter, indem man dem thatsächlichen Lauf der Küsten folgt, so würde eine den Winkel an der Spitze des △ theilende Linie keineswegs in Richtung W. E. verlaufen, sondern einen Winkel zu dieser Richtung bilden.

Fig. 4.

Die theoretisch wahrscheinliche Gabelung der Meeresströmung vor San Roque.

Die Spitze Südamerikas bei San Roque ist nun in der That die Macht, welche die Wasser des atlantischen Oceans nach Süden und Norden theilt.

Die Erde dreht sich von West nach Ost und dem Wasser unter dem Aequator ist diese Bewegung mitgetheilt. Da es aber nicht so schnell folgen kann, wie die festen Landmassen, so hat es gegen diese genommen die scheinbare Bewegung von Ost nach West*) und mit dieser bespült es die keilförmig vorgeschobene Küste von Süd-Amerika.

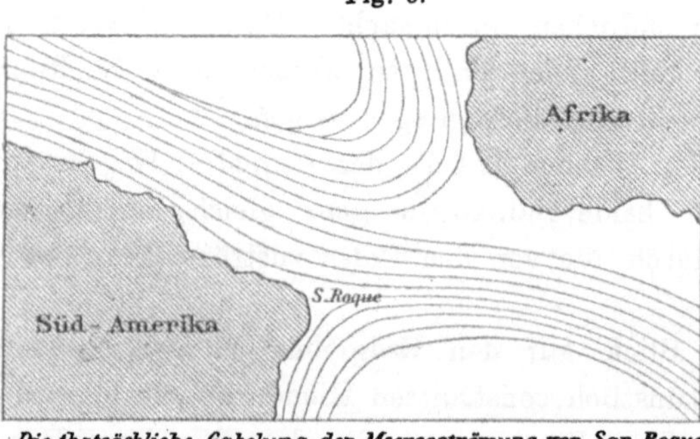
Fig. 5.

Die thatsächliche Gabelung der Meeresströmung vor San Roque.

Der Strom wird hier getheilt. (Fig. 5.) Der südliche gelangt in Folge des vorhin betrachteten Baues der Küste, der Lage des Keils, verhältnissmässig rasch in die Breiten, in denen die Eigenbewegung West-Ost zu Tage treten muss, der Strom also umkehrt. Diese Umkehr ist sehr lehrreich, weil für sie in der Gestaltung der Ländermassen keine Begrün-

---

*) Den Aequatorialgegenstrom lassen wir hier ausser Betracht. Er ist eine durch die Hauptströme secundär hervorgerufene Strömung.

dung gefunden werden kann, sondern lediglich darin, dass die latente Bewegung in südlicheren Breiten zum Durchbruch gelangt.

Der nördliche Theilstrom folgt der Küste Südamerikas und kommt dadurch in eine nur etwas nach Norden weisende Richtung. Er bleibt lange in dem Tropengebiet und kann erst nach Zurücklegung eines sehr grossen Weges Breiten gewinnen, in welchen die Eigenbewegung zum Durchbruch kommen kann.

Auf der südlichen wie auf der nördlichen Halbkugel sind es fast dieselben Breiten, welche die Umkehr zeigen. (Fig. 7 auf Taf. I.)

Cap San Roque liegt südlich vom Aequator. Es theilt demnach, wie hier gleich bemerkt sein mag, die in dem Wasser aufgespeicherte Wärmemenge nicht gleichmässig zwischen Norden und Süden, sondern bevorzugt den Norden. Wir werden darauf später zurückzukommen haben.

Sehen wir uns nun die Theilung der Wasser im stillen Ocean an.

Auch im stillen Ocean wenden die Ströme, wenn sie auch unter dem Aequator von Ost nach West liefen, und zwar in der Nähe der Wendekreise von West nach Ost um. Im stillen Ocean bildet der Bismarckarchipel und Neu-Guinea die Hauptursache der Stromtheilung. (Fig. 6 auf Taf. I). Daneben auch das Festland von Australien und die zahllosen kleinen Inseln. Der ganze Vorgang ist aber weniger deutlich als bei Cap San Roque. Der nach Norden abgetheilte Strom geht nördlich von der W. N. W. streichenden Küste Neu-Guineas bis zum Aequator, seinerseits die Wasser des Aequators nach Norden drängend. Der Strom wird dann mannigfach durch die Inseln und Meeresstrassen, die sich nach Westen hin öffnen beeinflusst und erst in der Höhe der Philippinen tritt er mit grosser Deutlichkeit wieder hervor, dreht dann am Wendekreis um und fliesst von SW nach NE, wie der Golfstrom. Auch hier ist die Theilung des warmen Wassers auf Nord- und Südhalbkugel ungleich und mehr Wasser geht nach Norden als nach Süden.

Bleiben wir nun zunächst bei den Verhältnissen des nördlichen grossen Oceans, so reichen dort die Landmassen Asiens denen von Amerika fast die Hand. Nur eine kleine Lücke ist zwischen Beiden durch die Behringsstrasse gebildet, eine so kleine Lücke, dass sie die ungeheueren Massen der vom Aequator kommenden Wasser gar nicht aufnehmen kann. Es ist das nach den Raumverhältnissen einfach unmöglich. Das mit lebhafter Bewegung vom Aequator kommende Wasser muss die trägen Massen der nordischen Breiten in Bewegung setzen und diese fliessen überall dahin, wo durch den Abstrom am Aequator ein Wasserthal gebildet ist. Das vom Aequator abströmende Wasser setzt sich an ihre Stelle, um dann schliesslich ebenfalls zum Aequator zu eilen, also dahin zurückzuströmen, woher es gekommen. Der Kreislauf wird damit vollendet.

Die Landmassen verhindern den äquatorialen Strom mit Südwestströmung ins Eismeer zu dringen und so kommt die Eigenbewegung von Westen nach Osten immer mehr zum Ausdrucke. Der Strom wird als ein noch warmer gegen die Küste Amerikas getrieben und muss, da kein anderer Ausweg ist, an dieser entlang den Weg nach Süden nehmen. Dass er dabei allmählig den Character als warmer Strom verliert, ist klar, denn er hat auf seinem langen Wege fortwährend Abkühlung erfahren und kommt nun in Breiten, wo das, was im Norden als warm gilt, für kalt erachtet wird.

Viel günstiger in manchen Beziehungen, namentlich aber für Europa liegen die Verhältnisse beim Golfstrom. (Fig. 7. auf Taf. I) Ihm öffnet sich zwischen Grönland und Europa ein weites grosses Bett. In Folge des Umstandes, dass die Theilung der Fluthen durch das Cap San Roque eine ungleiche ist, fliesst aber nach Norden eine so kolossale Wassermasse ab, dass sie in dem von den Küsten Europas, Asiens und Amerikas begrenzten Polarbecken nicht Platz hat.

Deshalb sehen wir, dass der Golfstrom etwa unter dem 45^0 n. Breite in Folge Rückstaues sich theilt und einen Zweig gegen die Küste der iberischen Halbinsel schickt, von wo er, da auch dort nach Norden hin wenig Platz gegeben ist, in der Hauptmasse nach Süden sich wendend, dem Aequator wieder zueilt.

Der andere Hauptast des Golfstroms fliesst längs der Küste von Irland, Schottland und Skandinavien in das Eismeer ein. Derselbe Grund, wie er für die erste Theilung besteht, nämlich Raummangel und in Folge dessen Aufstau, zwingt den Golfstrom mehrfach zu weiteren Theilungen und Rückkehrströmungen. Die einmal gewonnene Bewegungsrichtung in Verbindung mit den aus den ewig gleichbleibenden Ursachen nachdrängenden Wassern ist aber so mächtig, dass der Eingang in das Eismeer auf der breiten Bahn längs der skandinavischen Küste erzwungen wird.

Die geographische Lage dieser Küsten ist so günstig, dass der Strom in seinem Lauf nicht gestört wird. Sieht man die furchtbare Zerrissenheit der Küsten an, den Reichthum an Kanälen und Inseln, so möchte man fast glauben, dass das die Arbeit des Stromes gewesen ist.*)

Eine ungeheure Masse Wassers dringt so in die Polargegenden ein und muss die dort an und für sich ganz träge sich bewegenden Wassermassen in relativ schnellen Strom setzen.

Ihrerseits werden die Polarwasser vermöge der grösseren lebendigen Kraft des Golfstromes überall herausgedrängt und strömen durch die zwischen den Inseln bleibenden Meeresstrassen dem atlantischen Ocean zu, um dort die Wassermassen zu ersetzen, die nach Norden abflossen. Der grosse mächtige Strom, der zwischen Grönland und Skandinavien in das Eismeer dringt, verhindert, dass die Gegenströmungen hier an diesen Küsten auftreten. Die Hauptgegenströme lassen die Strassen zwischen den Inseln westlich Grönlands hindurch.

Was nach der thatsächlich bestehenden Ausdehnung der Oberflächenströme eindringt in das Eismeer ist nun aber offenbar beträchtlicher, als das was oberflächlich heraus fliesst, wobei doch noch zu beachten ist, dass mächtige Süsswasserströme ebenfalls in das Eismeer münden. Diese Erwägung zwingt zur Annahme eines Ausgleichs des Zu- und Abstromes auch durch Abströmungen in der Tiefe, wie sie ja als vorhanden auch nachgewiesen sind.

In dem Umstand, dass der Golfstrom thatsächlich als warmer Strom in das Eismeer und über Spitzbergen hinaus eindringen kann, liegt m. A. ein Beweis dafür, dass um den Nordpol Inselland oder Wasser sein muss, dass überall breite Meeresstrassen vorhanden sind, die das anstürmende Wasser des Golfstroms aufnehmen und die kalten und erkalteten Wassermassen abströmen lassen.

---

*) Wir finden das wiederholt:
   Golf von Mexiko zerrissen, inselreich.
   Ostküste Asiens, Australiens, zerklüftet bezw. inselreich.
   Afrika inselleer an der Westküste, im Strom an der Ostküste eine ganze Reihe von Inseln.

Wenn heut die Nordpolregion bis auf den Grund des Meeres vereiste und damit gleichsam eine feste Landmasse geschaffen würde, so würde die grosse Masse des Golfstromwassers nicht in das Eismeer vordringen können, sondern in südlicheren Breiten umbiegen und ganz anderen Lauf nehmen müssen. Das Wasser würde im Norden aufstauen, soweit wie die Kraft des nachfliessenden Golfstromes das bewirken kann, dann aber würde der Stau die volle Umkehr herbeiführen.

Wie die Verhältnisse aber einmal liegen, kann an Europas Küsten in fortwährendem Vorüberziehen das Wasser seinen Weg von Süd-West nach Nord-Ost nehmen, während die kalten Ströme weitab davon, namentlich an den Küsten Amerikas ihre Bahn ziehen.

Dass die Ausformung des Festlandes verbunden mit der durch die Erddrehung in den Tropen gewonnenen Bewegungsrichtung thatsächlich die Meeresströmungen im nördlichen atlantischen und grossen Ocean hervorruft, das geht auch indirect aus den Verhältnissen des indischen und den Südtheilen des atlantischen und grossen Oceans hervor.

Die Landmassen beim indischen Ocean ragen von Norden her weit in den Ocean hinein, so dass auf der nördlichen Halbkugel überhaupt keine ausgeprägte Aequatorialströmung sich ausbilden kann Es geschieht das nur auf der südlichen Halbkugel. Diese Strömung trifft Madagaskar und die nördlich davon gelegene afrikanische Küste. Wir sehen, dass dieser Strom durch die Landmasse Madagaskars gespalten wird, darauf aber in verschiedenen Breiten umkehrt und die von der Erddrehung erhaltene Eigenbewegung damit zum Ausdruck bringt.

Im atlantischen Ocean wird nach Süden in Folge der Ausgestaltung von Südamerika und Afrika das Wassergebiet breiter, die Landmassen gestatten also der Bewegungsrichtung des Wassers freien Spielraum. Das Wasser bleibt nun aber nicht an der Küste Amerikas und fliesst an dieser vom Cap San Roque bis zur Südspitze, sondern es wendet sich vermöge seiner wahren Eigenbewegung zum grossen Theil in der Höhe vom 40^0 s. Br. nach Osten um, fliesst der Küste Afrikas zu und wird dann durch den Abstrom der Wasser unter dem Aequator, vielleicht auch durch Raumverhältnisse gezwungen nach Norden umzubiegen, um so den Kreislauf zu vollenden.

Die gleichen Ursachen also die gewonnene Bewegung unter dem Aequator und die Ausgestaltung der Landmassen rufen demnach folgende grosse Kreisläufe hervor:

1) den ausgeprägtesten von allen, den des grossen Oceans in seinem nördlichen Theil,
2) den in seinem südlichen Theil,
3) den im nördlichen atlantischen Ocean,
4) den im südlichen atlantischen Ocean,
5) den im indischen Ocean südlich vom Aequator.

Ein sechster Kreislauf scheint auf der südlichen Halbkugel um die kalte Zone in Richtung von Westen nach Osten vorhanden zu sein. Der sechzigste Parallelkreis s. Br. liegt in einer Zone, welche ausschliesslich Wasser enthält, die einzige, die auf der ganzen Erde zu finden ist. Wenn hier die Wasser nicht die scheinbare Bewegungs-Richtung von Osten nach Westen wie unter dem Aequator haben, sondern die wahre von Westen nach Osten, so steht das nicht im Widerspruch mit den am Anfang dieses Abschnittes gebrachten Darlegungen.

Dieser Umlauf des Wassers um die Erde empfängt nämlich durch die sich nördlich davon abspielenden Kreisläufe fortwährend an seinen Grenzen Impulse der Bewegung von Westen nach Osten und die Wasser werden dadurch mitgerissen. Die Kreisläufe haben ja an ihrer südlichen Grenze eine der dortigen Geschwindigkeit der Erddrehung voraneilende Bewegung, sie laufen daher auch wahrnehmbar in der Richtung von West nach Ost und diese Bewegung ist es also, die weiter nach Süden übertragen wird. Es kann in dem längs des sechzigsten Paralellkreises s. Br. sich abspielenden Wasserumlaufe also ein Zurückbleiben gegen die Erddrehung in diesen Breiten und damit die Bewegungsrichtung von Osten nach Westen nicht hervortreten.

2. Die Bewegung der Luft in Folge der Erddrehung.

Da die Oberfläche des Meeres zugleich den Grund bildet, auf dem die darüber gelagerte Atmosphäre ruht, so ist es von vornherein wahrscheinlich, dass wir zum mindesten für die tieferen Schichten unserer Atmosphäre hier und da aus gleichen Ursachen gleiche Wirkungen entstehen sehen, dass also Meeres- und Luftströme parallel gehen.

Die Erforschung der Gesetze für die Bewegung ist aber bei der Atmosphäre um vieles mehr erschwert, weil das Luftmeer die ganze Erde umhüllt, während die Wasser ihre durch die Landmassen begrenzten Bahnen dahin ziehen. Sodann ist die Luft unendlich beweglicher als das Wasser, vor allen Dingen aber im Volumen so veränderlich, dass in dieser Beziehung jeder Vergleich mit dem Wasser aufhört. Kleine Ursachen wirken beim Wasser in leicht erkennbarer, vielfach berechenbarer und nachweisbarer Weise dabei lokal eng begrenzt, während im Luftmeer, die zahllosen kleinen Ursachen weiter wirkend sich summiren und zur Macht werden können ebensogut, wie sie sich schon an der Ursprungsstelle gegenseitig in ihren Wirkungen aufheben können.

Mag man sich nun den Zusammenhang zwischen Erd- und Luftbewegung denken, wie man will, also so, dass die Erde schon in ihrem Entstehen die Richtung der Drehung aus der der Luftmassen empfing oder so, dass die Erde die Richtung ihrer Drehung den Luftmassen mittheilte, immer hat die Luft im Allgemeinen dieselbe Bewegungsrichtung wie die Erde.

Das ist ein Satz, der als Fundament gelten muss, der überall zu berücksichtigen ist. Alle andere Bewegung der Luft ist als Folgeerscheinung anzusehen oder auf lokale Verhältnisse zurückzuführen.

Wenn aber bei der Bewegung des Wassers bereits bemerkt werden musste, dass es der vollen Umdrehungsgeschwindigkeit der festen Masse nicht folgen kann und es scheinbar daher entgegengesetzt in Bewegung ist, so gilt das noch viel mehr von der Luft.

In den Tropen ist die Luft in der mächtigsten, kraftvollsten Bewegung, sie folgt aber nicht der vollen Umdrehungsgeschwindigkeit der festen Erdmassen, nicht einmal derjenigen der Wassermassen und dadurch wird für den stillstehenden Beobachter eine östliche Bewegung empfunden, mag er sich nun auf der See oder auf dem Lande befinden. Nach dem neuesten Stande unseres Wissens ist es fast sicher, dass in den äquatorialen Gegenden durch alle Luftschichten hindurch Ostwind herrscht. Damit wird das Zurückbleiben der Umdrehung der Atmosphäre gegen die Umdrehung der Erde bewiesen.

Wenn die Erde nun wieder als eine völlig glattgeschliffene Kugel gedacht wird, so liegt kein Grund vor, aus dem man eine Störung der Bewegung in den Luftmassen herleiten kann. Sie würden, wenn wir zunächst die Wirkung der Erwärmung ganz ausser Betracht lassen, in denselben Breiten verbleiben und ihren Umlauf innerhalb dieser vollenden.

Nun ist die Erde aber keine glatt geschliffene Kugel, sondern sie zeigt erhebliche Unebenheiten und diese Ausformung der Oberfläche wirkt in mächtigster Weise auf die Bewegung der unteren Luftschichten ein. Sie wirkt um so mehr ein, als die untersten Luftschichten die dichtesten sind und ihre Verschiebung und gesetzmässige Bewegung deshalb die grösste Bedeutung gewinnt und die grösste Kraft hinter sich hat. Die Bewegung der oberen Schichten kann nicht viel Einfluss auf die Bewegung der Luft unten haben, weil die Luft in diesen Schichten zu dünn ist.

Die grossen Flächen der Oceane gestatten, dass unter den Tropen die aus der Drehung der Erde sich herleitende Luftbewegung zum vollen Ausdruck kommen kann. Erwägt man die Riesenausdehnung dieses Gebiets, so wird man sehr wohl zugeben können, dass die Bewegung, welche hier geschaffen ist, zum Lenker des ganzen Luftmeeres werden kann, wie sie ja auch die Bewegung der Meerwasser beherrscht. Die Betrachtung des Globus zeigt uns, dass dasjenige

Gebiet, welches am schärfsten die Gesetzmässigkeiten zum Ausdruck bringen muss, die Wasserfläche des grossen Oceans ist.

Von der Westküste des äquatorialen Amerikas ab bis zu den Inseln des Bismarckarchipels finden die Luftströme hier kein nennenswerthes Hinderniss durch Land und sie bewegen sich in Folge dessen unter dem Aequator in Richtung der Parallelkreise und der Drehung der Erde mit grosser Regelmässigkeit.

Da die Luftmassen aber der Umdrehungsschnelligkeit der Erde nicht ganz folgen können, so wird der auf bestimmten Punkt stehende Beobachter nicht Westwind, sondern Ostwind spüren und mit scheinbar östlicher Bewegungsrichtung treten sie nun an die Küsten der Inseln des Bismarckarchipels, an die Küste Neu-Guineas heran, um dort nach Lage der Küste und der Gebirge die Ablenkung nach Norden zu erfahren. Diese Ablenkung ist nur möglich, wenn die Luftschichten, welche nördlich davon ziehen, auch ihrerseits nach Norden verschoben werden.

Jeder so nach Norden verschobene Luftstrom muss damit an wahrnehmbarer östlicher Bewegung einbüssen, weil er ja in Gegenden kommt, die sich langsamer von Westen nach Osten drehen, und er dort mit der unter grösseren Breiten gewonnenen Schnelligkeit besser folgen kann.

Erwägt man nun, dass die Küste Asiens ebenso wie die ihr vorgelagerten Inseln sämtlich gebirgig sind, dass die Gebirge auf weiten grossen Gebieten bis an die Küsten selbst reichen, so ist klar, dass die mit schwachem Oststrom gegen diese Küsten drückende Luft ihrer Hauptmasse nach nicht den Eingang in das Innere Asiens erzwingt, sondern abgewiesen wird, einen weiteren nördlichen Lauf nimmt und damit allmählig die Eigenbewegung von Westen nach Osten zum Ausdruck bringt.

Die Ausformung der Ostküste Asiens und andererseits der Westküste Amerikas ist so, dass die Luft wie in einem riesigen Kessel längs der Wände umlaufen muss.

Der gewaltige Luftstrom zieht von Neu-Guinea gegen die Philippinen, von da gegen die Küste des Festlandes, er weht längs der japanischen Inseln und ist damit bereits in eine Richtung getreten, bei welcher die unter dem Aequator gewonnene Bewegung von Westen nach Osten zur kräftigen Aeusserung kommt.

Die Nordwand des grossen Kessels, die Küstengebirge Sibiriens, Kamtschatkas, Alaskas zwingen die Luftmassen voll in die westlichen Richtungen hinein.

So empfängt der amerikanische Kontinent den Strom, sperrt aber zugleich den Eingang in das Innere durch gewaltige Gebirgsmauern und nun muss der Strom nach Süden umbiegen. Indem er damit aber in Gegenden kommt, in denen die Erde immer schneller sich bewegt, erfährt er, wie das bereits Dove lehrte, die Drehung nach Osten und vollendet so den gewaltigen Kreislauf.

Dieser Kreislauf des nördlichen grossen Oceans ist derjenige, dem die meiste innere Kraft von allen den vorhandenen Kreisläufen zukommt. Die Kraft der Bewegung hat er gewonnen auf dem langen unbehinderten Wege über die Wasser der äquatorialen Gegenden, sie äussert sich aber wahrnehmbar namentlich in dem Zuge der Luftmassen von Westen nach Osten, von der Küste Asiens zu der von Amerika in der Höhe des 40. Breitengrades.

Die volle Herrschaft des grossen Kreislaufs über die nördlichen Theile des grossen Oceans wirkt dann, wie wir sehen werden, wesentlich ein auf den Lauf der Luftströme, die dem nördlichen atlantischen Ocean entspringen.

Die beigefügte Skizze (Fig. 8 auf Tafel I) ist nach den im Perthes'schen Seeatlas enthaltenen Angaben über die Winde und Isobaren im Juli gezeichnet und zeigt die nördliche Ablenkung der Winde bei Neu-Guinea in sehr deutlicher Weise, ja man kann beim Anblick dieser Karte vielleicht sagen, dass die Westküste Australiens, soweit sie von SE. nach NW. streicht, also etwa vom Wendekreise des Steinbocks an, bereits die Ablenkung der Winde nach Norden hervorruft, ja dass die Inselwelt mit dabei betheiligt ist, jedenfalls bläst der Wind auf dem ganzen langen Wege von den Fidschi-Inseln bis zu den Philippinen in breiter Bahn von SE. nach NW. Die Kalmen liegen auf der nördlichen Halbkugel, werden jedoch nördlich von Neu-Guinea von dem nun einen Strich nördlicher wehenden Strom durchbrochen. Die Umkehr der Luftströme vollzieht sich zwischen dem 20. und 40.° n. Br. Das Festland Amerikas theilt den Strom, sein Hauptast weht längs der Anden nach Süden und setzt sich dann in den Passat um.

Für den Januar wird uns ein allerdings wesentlich anderes Bild gegeben. Die Nordostpassate reichen dann bis zu den Sundainseln, die Kalmenlinie geht ohne Durchbrechung bis Borneo. Die Südostpassate wehen nur im östlichen Theile des Oceans, dann werden sie durchbrochen, im westlichen Theile, wo sie wieder auftreten, müssen sie ihren Weg südlich von Neu-Guinea nehmen.

Andrerseits sehen wir in Höhe des 30° n. Br., den Westwind wie im Juli in breitem Strom auftreten, ja viel ausgeprägter noch als im Sommer, und er giebt die südliche Grenze für einen mächtigen Luftkreislauf in dem nördlichen Theil des Oceans.

Eine Verbindung dieses Weststromes mit den äquatorialen Luftströmungen ist auf den Karten nicht zu finden.

Das Vorhandensein der starken Westwinde in Höhe des 30° n. Br. macht es jedoch an und für sich wahrscheinlich, dass dieser Strom von Breiten Zustrom erhält, wo Erde und Luft sich schneller bewegt.

Sollte dieser Zustrom wirklich fehlen und mit ihm im Januar der Impuls vom Aequator, dann kann man sich das Bestehen des Wirbels mit Westwinden auf der Südgrenze auch so erklären:

Feststeht, dass der Windstrom im Juli in ausgesprochenster Weise den Weg nimmt, wie er als allgemein gültig hier hingestellt ist. Monate vorher und nachher wird er der Wahrscheinlichkeit nach in gleicher Weise bestehen. Frühestens von den September-Aequinoctien an tritt eine Aenderung wahrscheinlich in folgender Art ein: der Abstrom vom Aequator nach Norden wird schwächer und wird mehr nach Westen gedrängt, bis er endlich abreisst.

Inzwischen hat sich, weil die Nordostpassate namentlich an der Küste Amerikas blieben, dadurch also der Abstrom von Norden her stärker wurde als der Zustrom, im Norden ein Minimum gebildet, welches nunmehr nach dem barischen Windgesetz den Weststrom thätig erhält und den auch im Juli vorhandenen Rundlauf der Winde im nördlichen Theile des Oceans so lange in Gang erhält, bis der regelmässige Zustrom vom Aequator an der Ostküste Asiens wieder eintritt.

Für Erhaltung der starken westlichen Winde in Höhe des 30. bis 40.° n. B. sorgen sicherlich ausserdem zeitweise Zuströme und Impulse, denn überall wird die Strasse, welche die Stürme einschlagen, in Uebereinstimmung mit dem Wege angegeben, den die vom Aequator abströmende Luft im Juli nimmt.

Aus den Wegen der Sturmbahnen lässt sich wohl überhaupt viel mehr auf die Gesetze der Windbewegungen schliessen, als aus den Wegen schwächerer Winde und man muss gerade diese Sturmbahnen als beweisgültig ansehen dafür, dass der Abstrom vom Aequator im östlichen Theile des grossen Oceans mit der Umbiegung, wie sie die Sturmbahnen zeigen, die Regel ist.*) Selbst die Gewalt der Stürme beugt sich eben den höheren Gesetzen.

Wenden wir uns nun dem atlantischen Ocean zu. Auch für die Luftbewegung über diesem ist die Quelle die Drehung der Erde um ihre Achse und die Macht der Bewegungsrichtung, die die Luftmassen unter den äquatorialen Gegenden erhalten.

Der aus den bekannten Ursachen auftretende Oststrom erhält ebenso wie die Wassermassen seine erste Störung, wenn er die Landmassen Südamerikas im Cap San Roque trifft.

Bedeutende Bergmassen schieben sich hier als Keil dem Luftstrom entgegen und müssen die Wirkung ausüben, dass er sich theilt. Es ist unmöglich, dass die ganze andrängende Luftmasse in das Land einweht und in die Gebirge hinaufsteigt.

Aus der Stromtheilung durch das Festland folgt dann, dass der nördlich abgelenkte Arm alle nördlich davon der Erde aufliegenden Luftmassen weiter nach Norden verschiebt, während entgegengesetzt der südliche Arm die südlich lagernden Luftmassen weiter nach Süden drängt. Die Lage der Küste Südamerikas weist den nördlichen Zweig des Stromes mit fast gleichbleibender Richtung nach NNW und zwar über den Aequator hinaus bis zum 10^0 n. B.

---

*) Auch noch Eins mag in Erwägung gezogen werden. Wir finden zwar überall über die Vertheilung des Luftdruckes in der Literatur dieselbe Darstellung. Ist diese aber denn thatsächlich so bekannt und vor allen Dingen fest begründet, wie es danach scheint? Ich möchte es namentlich im Hinweis auf die Kurven im Innern Asiens verneinen. Wer hat dort so umfassende Erhebungen gemacht, um die Kurven zu begründen? Nun sind aber Isobaren und Winde immer zusammen dargestellt und die nähere Prüfung zeigt, dass hier wohl das Eine nach dem Anderen gezeichnet ist. Die Literatur selbst verschweigt das Lückenhafte unserer Kenntniss durchaus nicht.

An jedem Punkt dieses langen Weges würden, wenn nicht schon die Abweichung bei San Roque wirkte, neue Luftströme vom Ocean kommend auf die Küste einwirken und fort und fort die Ablenkung nach NNW erfahren. So wie die Verhältnisse liegen, werden sie die Küste kaum erreichen, sie werden schon vorher abgedrängt; jeder an seinem Theile aber muss dahin wirken, dass die Ablenkung weiterer Luftmassen nach Norden erfolgt.

Wir sehen also, dass die über dem Aequator und dem atlantischen Ocean kreisende Luft vom Längengrade des Cap Roque an nicht unter dem Aequator bleiben kann, dass vielmehr die Luft nach Norden gedrängt wird.

Sie kommt dort in Erdbreiten, die bereits sich langsamer drehen als die unter dem Aequator und es wird die Luft des Aequators, indem sie dorthin mit ihrer Eigenbewegung verschoben wird, mehr zur Ruhe kommen d. h. sie zeigt mehr und mehr dieselbe Schnelligkeit der Bewegung von Westen nach Osten wie die darunter befindliche Erde bezw. Wassermasse. Dem Beobachter wird daher hier diese Bewegung weniger wahrnehmbar als unter dem Aequator. Dagegen tritt die Bewegung von S nach N mehr hervor d. i. die Wirkung der Abdrängungen.

Sobald nun die Luftmassen noch weiter nach Norden gedrängt werden, muss die Eigenbewegung zu Tage treten, d. h. die Massen müssen sich auch wahrnehmbar von Westen nach Osten in Bewegung setzen, also umkehren, ähnlich wie es der Golfstrom thut.

Je weiter nach Norden, um so deutlicher tritt die westliche Bewegung zu Tage. Aus dem östlichen Windstrome des Aequators wird auf diese Weise, weil die Componente SN auch in Betracht kommt, ein südwestlicher und als solcher bläst er nun in breiter mächtiger Bahn über den atlantischen Ocean gegen Irland, die grüne Insel, häufig findet hier durch die Landmassen eine Theilung statt mit Ablenkung, so dass er dann Deutschland in der Hauptrichtung des Weststromes trifft, während er im Norden Schottlands und Schwedens weiter als Südweststrom empfunden wird.

Dieser Luftgolfstrom, welcher der breiten offenen Meeresstrasse in das Eismeer hinein folgt, also südwestliche Richtung behält, bläst in solcher gegen das Festland von Sibirien und erfährt nun durch die Gebirgsmauern, die sich namentlich im östlichen Sibirien vorschieben, ein Hinderniss.

Die eingeschlagene Richtung S W kann er aber auch aus dem Grunde dauernd nicht zur wahrnehmbaren Aeusserung bringen, weil er dann in das Luftstromgebiet des mächtigen Kreislaufs über dem grossen Oceane eindringen müsste. Dem stehen nicht nur die Gebirgsmauern entgegen, die diesem Kreislauf das Bett begrenzen, sondern auch der Umstand, dass dieser Kreislauf die gewaltigste Kraft von allen hat und mit voller Herrschaft sein Gebiet durchweht. Vor diesem Kreislauf muss der durch seinen langen Lauf schon geschwächte Luftgolfstrom zurückstauen.

Die immer nachschiebenden Luftmassen müssen nun einen Ausweg finden und er ist geboten einmal, indem der Strom um den Pol längs der Küste Asiens umläuft und dann über das Festland von Nordamerika nach Süden wandert, andrerseits die Rückkehr über die Landmassen des sibirisch-russischen Tieflandes nimmt, über Südeuropa, das Mittelmeer und über Afrika wieder dem Aequator zuströmt.

Die Rückkehr über die Landmassen Amerikas wird häufig durch Aspiration erleichtert, indem im Innern Amerikas östlich der Anden tiefe Minima entstehen.

Sie haben ihre Entstehung in dem Umstande, dass der Luftgolfstrom bei seinem Wege nach Norden, seitlich Begleitströme verursacht. Die so westlich von ihm entstehende Verringerung des Luftdruckes kann in Folge der vorstehenden Anden nur wenig Ersatz aus dem Luftstromkreise des grossen Oceans erhalten, ist vielmehr auf den Zustrom von Norden angewiesen.

Es entsteht auf diese Weise ein secundärer Kreislauf der Luft im Anschluss an den Luftgolfstrom.

Ueber die Umkehr des Luftgolfstromes nach rechts, den Weg über die Landmassen Asiens, Europas und Afrikas lassen sich z. Z. nur Vermuthungen aufstellen. Dass die Rückkehr auf diesem Wege erfolgt, dafür haben wir die Wahrscheinlichkeit, auch deuten die oft lang andauernden Nordostwindperioden unserer Breiten darauf hin.

Zahllos werden die Combinationen sein, nach denen der Weg

dieser Ausgleichsströme sich bestimmt, immer aber ist das Ziel gegeben: Der Aequator, dessen Luftmassen in Folge des früheren Abstromes Ersatz fordern und den Ersatz nach Lage der Dinge von Osten her erhalten müssen. Bemerkt sei noch, dass von manchen Autoren die Reihe der Wüsten, die sich von Südsibirien bis zur Sahara erstrecken, als Weg bezeichnet wird.

Wenn wir auch für den atlantischen Ocean nach dem vorhandenen Kartenmaterial eine Skizze der Luftströmungen im Juli geben, so steht diese wieder in gutem Einklange mit dem Vorgetragenen. (Vgl. Fig. 10 auf Tafel I.)

Wiederum aber zeigen die Karten für Januar nicht die gleiche Uebereinstimmung, namentlich ist danach nicht nachzuweisen, dass die Ströme, welche mit östlichem Winde gegen das Festland in den äquatorialen Gegenden wehen, nach Norden umbiegen und den Weststrom speisen. Dieser selbst ist aber wieder als gesetzmässig wehend da. Die Frage liegt nahe, von wo nimmt dieser die Luftmassen und die Kraft? Es dürfte bei solcher Sachlage schwer sein, darauf eine Antwort zu geben.

Für den regelmässigen Abstrom in der Oberfläche und zwar in der Nähe der Ostseiten der Continente spricht zwingend die in der Neuzeit festgemachte Thatsache, dass über den Tropenmeeren durch die ganze Höhe des Luftstromes östliche Winde herrschen. Oben fliesst also nichts nach Norden und Süden ab. Die Karten für Januar und Juli stimmen sodann darin überein, dass an den Westseiten der Continente starke Zuströmungen von Norden und Süden erfolgen. Wir dürfen danach annehmen, dass diese ununterbrochen Jahr aus, Jahr ein wehen. Wir haben ferner Zustrom zu den aequatorialen Gegenden durch die Passate auf langen weiten Strecken.

Wie ist bei so grossem Zustrom die für den Aequator eigenthümliche Furche niedrigen Drucks erklärlich, wenn nicht ein starker Abstrom vorhanden ist.

Wir werden sehen, dass die Wärme den Abstrom nicht hervorbringen kann.

Sehen wir andrerseits, dass über die Sturmbahnen (vgl. Fig. 11 auf Tafel I) gar kein Zweifel herrscht, dass sie überall und so auch im atlantischen Ocean an den Ostseiten der Continente liegen, dass sie überall die Biegung des behaupteten Abstromes zeigen, also die Biegung zur Speisung der westlichen Strömungen in höheren Breiten, dann wird doch der gesetzmässige Abstrom längs der Oberfläche auch für Januar sehr wahrscheinlich.

Von besonderer Wichtigkeit ist endlich, dass die Sturmbahn für Sommer und Winter im nördlichen atlantischen Ocean völlig die gleiche ist, in dieser also die übliche Darstellung der Winde im Januar nicht zum Ausdruck gelangt.

3. Weitere Quellen der Bewegung von Wasser und Luft.

In dem vorigen Abschnitt ist als Quelle der Bewegung von Wasser und Luft die Drehung der Erde um ihre Achse erkannt und dargelegt, wie die unter den Tropen befindlichen Luft- und Wassermassen durch die entgegenstehenden Landmassen abgelenkt werden und mit der gewonnenen Bewegungskraft weite Gebiete beherrschen.

Nun dreht sich die Erde aber nicht nur um sich selbst, sondern gleichzeitig auch um die Sonne, und es lässt sich vermuthen, dass auch durch diese Drehung Luft und Wasser beeinflusst werden. Fast zur Gewissheit wird das, wenn wir die bekannte Thatsache in Erwägung ziehen, dass die Barometerstände regelmässigen täglichen Schwankungen unterworfen sind, die namentlich deutlich unter dem Aequator, in den Tropen, dem Ursprungsgebiet für die Bewegung von Luft und Wasser hervortreten.

A. v. Humboldt erzählt, dass die Schwankungen des Barometers in den Tropen Südamerikas mit einer solchen Regelmässigkeit eintreten, dass man nach dem Stande des Barometers ziemlich genau die Zeit bestimmen kann. Ein so regelmässiger Wechsel muss tiefliegende Ursachen haben. Man hat sie u. A. finden wollen in der Erwärmung und der Erkaltung der Luft und in der daraus entspringenden Lockerung und Verdichtung. Indessen kann man darin nicht die völlige Erklärung finden.

Man wird die Nothwendigkeit tieferer Gründe erkennen, wenn man erwägt, dass die Periode der barometrischen Schwankungen sechsstündig ist, die der Wärme zwölfstündig und dass zwischen den Hoch- und Tiefständen von Wärme und Luftdruck zeitlich keine Uebereinstimmung ist.

Der Luftdruck hat Morgens um 4 Uhr ein Minimum, um 10 Uhr Vormittags ein Maximum, um 4 Uhr Nachmittags wiederum ein Minimum und endlich um 10 Uhr Abends ein zweites Maximum. Nur die gezwungensten Erklärungen können da einen Zusammenhang mit der Wärme herausbringen. Ebenso liegt es, wenn man die Feuchtigkeitsverhältnisse der Luft heranzieht.

Die tägliche Schwankung des Barometers unter dem Aequator ist das Product einer ganzen Reihe von Einflüssen.

Als solche erkennen wir:

1. Die Bewegung der Erde in ihrer Bahn um die Sonne.
2. Die Bewegung der Erde um ihre Achse in ihrem Verhältniss zur Bewegung in der Erdbahn (sub 1).
3. Die Anziehungskraft der Sonne.
4. Die Anziehungskraft des Mondes und zuletzt
5. Erwärmung und Erkaltung der Luft.

Zu 1. Die Erde durchfliegt ihre Bahn im Mittel mit einer Schnelligkeit von abgerundet 29,5 km in der Sekunde.

Sie reisst bei dieser Bewegung die Atmosphäre mit sich. Ist es aber wahrscheinlich, dass die Erde in dem leichten elastischen Gewebe der Luft thatsächlich genau im Mittelpunkt der Luftumhüllung bleiben wird, so also, dass, wenn nichts anderes einwirken würde, derselbe Barometerstand auf demselben Parallelkreise abgelesen werden würde?

Wenn wir irgend einen schweren Gegenstand mit Kraft durch die Luft werfen, so haben wir stets die Erscheinung, dass vorwärts der Flugbahn die Luft verdichtet, rückwärts gelockert wird. Ist die Erde, wenn sie mit ihrer atmosphärischen Umhüllung die Bahn um die Sonne entlang stürzt, nicht einem solchen Gegenstand vergleichbar und muss sie nicht, um überhaupt die Luft in ihrer — der Erde — Bahn erhalten, vorwärts die Abstossung zur Geltung bringen, also einen Druck ausüben, dem eine Entlastung auf der Rückseite entspricht? Man wird einwenden, die Luft erleide keinen Widerstand in ihrem Lauf durch die Erdbahn. Nehmen wir an, es sei so, dann muss die Erde doch immer einen Zwang auf die Luft dahin ausüben, dass sie um die Erde geballt bleibt und dass sie in gleichem Tempo wie die Erde auch in der Erdbahn fortrollt. Wir sehen Wasser und Luft nach den verschiedensten Richtungen hin in oft heftiger Bewegung und zwar im Widerstreit mit dem festen Gerippe der Erde; die Erde muss diesen Bewegungen Halt gebieten können. Wie soll sie es anders können, als dass sie einerseits eine antreibende Kraft übt, um die znrückbleibende Bewegung zu beschleunigen, anderseits eine beruhigende, um zu starke Bewegung einzudämmen?

Die Erde steckt doch nun einmal als fester Kern in der Lufthülle, von dieser völlig umgeben, und sie muss die Bahn des Luftmeeres regieren. Dazu steht ihr aber nur Anziehung und Abstossung zu Gebote.

Der Punkt der Erdbahn, welcher vorwärts der Erdbahn im Aequator liegt, derjenige also, welcher 6 Uhr Morgens, die Zeit des Sonnenaufgangs, hat, ist derjenige, auf welchen die Erde den meisten Druck auf die Luft ausübt, wo sie den Stoss nach vorwärts der Erdbahn

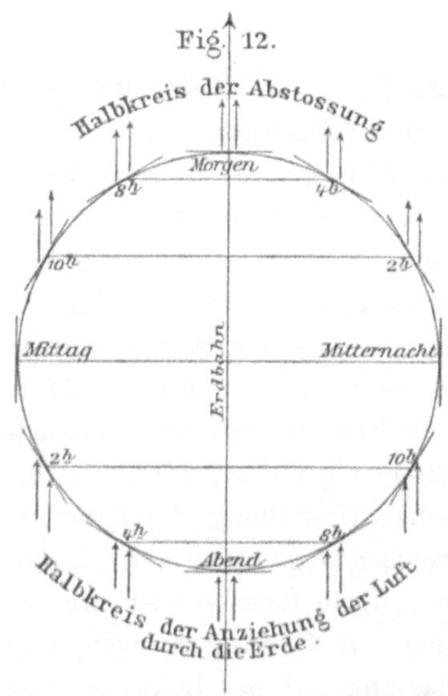

giebt. Denken wir uns die Drehung der Erde um ihre Achse fort, so würde er den Pol bilden für diese Kraftäusserung der Erde. Denkt man sich ferner zu diesem Pol senkrecht zur Erdbahn Parallelkreise gezogen, so würden diese die Orte gleicher Abstossung verbinden. Die Abstossung nimmt ab mit dem Wachsen der Parallelkreise.

An dem von uns gebildeten Pol ist die Abstossung am stärksten, sie nimmt langsam ab bis zum 30.⁰ von da stets beschleunigt bis zum ca. 60., um von da bis zum 90. langsam auf 0 herabzusinken.

Es würde mithin der Zeit nach auf dem Quadranten Morgen — Mittag am Aequator der Druck auf die Atmosphäre aus dieser Kraft heraus von Sonnenaufgang bis 8 Uhr sehr langsam abnehmen, verstärkt bis 10 Uhr, von da bis 12 Uhr = 0 werden.

Auf der andern Seite der Erde, dem Quadranten Mitternacht — Morgen, finden wir dieselben Verhältnisse, aber in der Zeitfolge umgekehrt, also keine Abstossung in der Richtung der Erdbahn um Mitternacht, langsam wachsend bis 2 Uhr, rasch bis 4 Uhr, dann immer mehr verlangsamend, aber wachsend bis 6 Uhr Morgens, dem Maximum.

Die andere Erdhälfte zieht die Luft nach sich.

Bilden wir auch hier die Parallelkreise senkrecht auf die Erdbahn, so werden durch sie die Punkte gleichen Zuges mit einander verbunden.

Wir erhalten schwachen Zug für die Stunden 12—2 Uhr Nachmittags, der Zug verstärkt sich wesentlich von 2—4 Uhr und zeigt endlich weitere aber schwache Zunahme für die Parallelkreise bis zum Pol, also bis 6 Uhr (Sonnenuntergang).

Gehen wir nun auf dem Aequator der Zeitfolge nach weiter, also zu dem Quadranten Sonnenuntergang — Mitternacht, so liegen die Verhältnisse hier umgekehrt. Wir finden also mit vorschreitender Zeit Abnahme des Zuges, stärksten Zug von 6—8 Uhr Abends, rasch abnehmend bis 10 Uhr und endlich Verschwinden des Zuges bis Mitternacht.

Zu 2. Die Erde dreht sich um ihre Achse von Westen nach Osten und giebt damit einem festen Punkt am Aequator eine Schnelligkeit der Fortbewegung von 0,5 km (464 m) in runder Zahl.

Diese Bewegung nimmt zu der Fortbewegung der Erde in ihrer Bahn die verschiedensten Richtungen an.

Beginnen wir mit dem Sonnenaufgangspunkt, so finden wir, dass die Erddrehungsbewegung, also auch die der Luft, senkrecht auf die Erdbahn gerichtet ist, mit der Zeit verringert sich der Winkel und zwar in der Stunde um 15^0, er ist also um 8 Uhr 60^0, um 10 Uhr 30^0, um Mittag 0^0.

An diesem Punkt läuft die Bewegung der Erde in ihrer Bahn derjenigen um ihre Achse parallel. Die Erddrehungsbewegung ist aber der in der Erdbahn entgegengesetzt.

Am Nachmittag schneidet sich die Richtung der Erd- und Luftdrehung mit der Erdbahn wieder, zunächst in sehr spitzem Winkel, der aber bis 2 Uhr auf 30⁰, bis 4 Uhr auf 60⁰ anwächst. Um 6 Uhr schneiden sich beide Bewegungen wie Morgens um 6 Uhr rechtwinklig.

Im dritten Quadranten (Abends 6 Uhr bis Mitternacht) nimmt der Winkel weiter zu. Um Mitternacht geht die Drehungsrichtung der Erde wiederum wie Mittags parallel der Fortbewegung in der Erdbahn, jetzt haben aber beide Bewegungen gleiche Richtung.

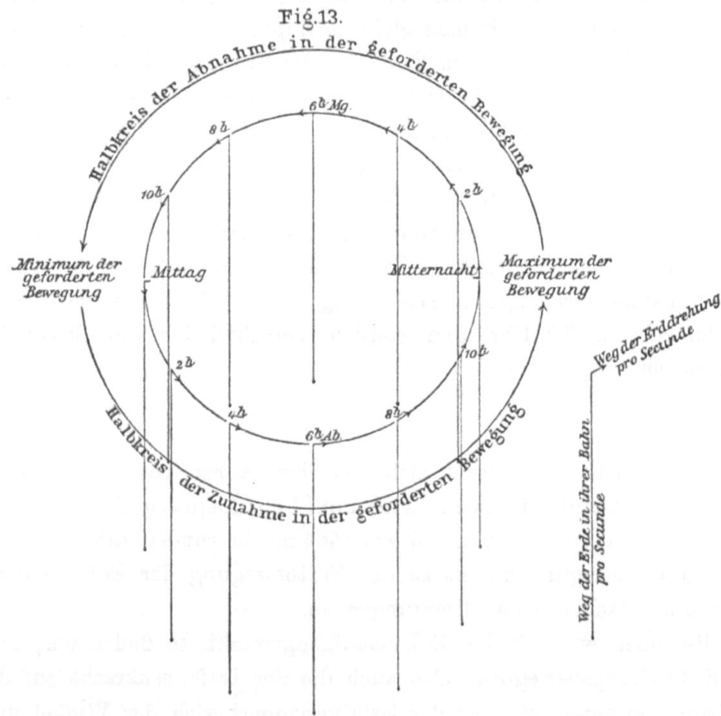

Im vierten Quadranten (Mitternacht bis Morgens 6 Uhr) bildet die Richtung der Erdbewegung wieder mit der Erdbahn einen Winkel und zwar einen sehr stumpfen bis 2 Uhr. Er nimmt mit der Zeitfolge ab, um 6 Uhr wird er ein rechter.

Zu beachten ist nun, dass die Richtung der Erddrehung auf der ganzen Tagseite entgegengesetzt der Richtung der Fortbewegung in der Erdbahn ist, auf der ganzen Nachtseite aber die Bewegungsrichtungen übereinstimmen. Daraus ergiebt sich, dass ein Punkt der Erde auf der Tagseite seinen Ort in der Erdbahn anders verlegt als ein solcher auf der Nachtseite, denn auf der Tagseite ist dem zurückgelegten Wege der Erde in ihrer Bahn das abzurechnen, was gleichzeitig durch die Erddrehung an Fortbewegung verloren ist, während es auf der Nachtseite aufzurechnen ist.

Der Mittagspunkt der Erde legt in der Secunde 29,5 km in der Erdbahn zurück, gleichzeitig hat sich der Punkt aber um rund 0,5 km rückwärts der Bahn in Folge der Erddrehung verlegt. Der Punkt der Erde, welcher 12 Uhr Mittags zeigte, ist um 12 Uhr 1 Secunde um 29 km verlegt. Zum Sonnenuntergang macht ein Punkt der Erde ebenfalls eine doppelte Bewegung, nämlich eine solche in der Erdbahn mit einer Schnelligkeit von 29,5 km in der Secunde und eine solche rechtwinklig zur Erdbahn von rund 0,5 km. Diese kommt der andern gegenüber so wenig in Betracht, dass man sagen kann: die Verlegung des Punktes der auf dem Erdäquator 5 Uhr 59 Minuten 59 Secunden zeigt, beträgt bis 6 Uhr also in der Secunde 29,5 km.

Von da ab fällt die Fortbewegung eines Punktes der Erde durch Achsendrehung in die Richtung der Fortbewegung der Erde in ihrer Bahn.

Es wird also der Weg eines bestimmten Punktes am Erdäquator weiter zunehmen und zwar bis Mitternacht um 0,5 km pro Secunde.

Damit ist das Maximum 30 km pro Secunde erreicht.

Von da verringert sich der Weg wieder auf 29,5 bei Sonnenaufgang und auf 29,0 km bis Mittag.

Diese Verschiedenheiten werden auf die äusserst bewegliche Atmosphäre nicht einflusslos bleiben. Ein Lufttheilchen über dem Aequator soll auf der Tagseite kleinere Räume als auf der Nachtseite durcheilen, und da die Luft diesen Forderungen nicht ohne Weiteres genügen kann, so wird sie ihrerseits etwas kürzer auf der Tagseite verweilen, weil sie mit zu rascher Bewegung auf die Tagseite tritt.

Hat sie sich aber der geforderten Bewegung angepasst, so wird von einem gewissen Zeitpunkte an wieder eine Beschleunigung gefordert, jedenfalls wird sie auf die Nachtseite mit zu langsamer Bewegung eintreten.

Zu 3. Wenn man aus dem unter 2 Erwähnten herleiten könnte, dass die Tagseite eine geringere Menge der Luft hält als die Nachtseite, so wird aus der Anziehungskraft der Sonne auf die Erde und deren Atmosphäre sicherlich das Gegentheil hergeleitet werden müssen.

Denken wir uns die Erde mit der Atmosphäre in Ruhe der Sonne gegenüber, so würde die Luft nicht in gleichmässiger Höhe die Erde umgeben, sondern so, dass auf der Tagseite sich mehr anhäuft als auf der Nachtseite.

Die Erde würde mit ihrem Mittelpunkte nicht auch den Mittelpunkt bilden, sondern sie würde aus dem Mittelpunkte des Atmosphärenballes herausrücken, weil die Luft sich der Sonne nähert.

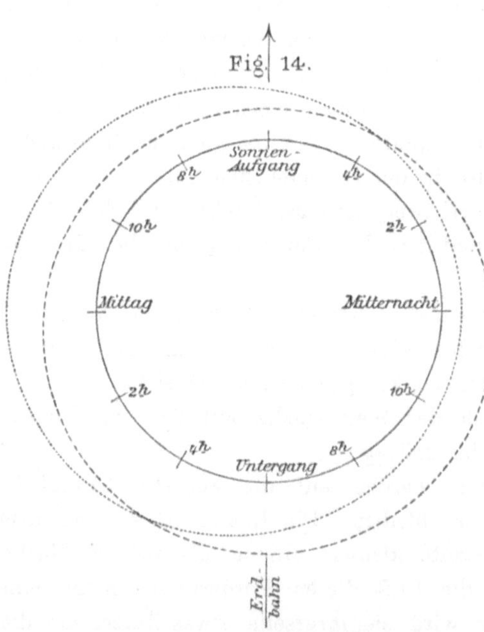

Der ausgezogene innere Kreis stellt den Erdäquator dar. Der gestrichelte Kreis zeigt die Lagerung des Luftmeeres zur Erde unter der Voraussetzung, dass Anziehung und Abstossung der Erde voll wirken und die Erde sich fortbewegt in ihrer Bahn. Der punktirte Kreis giebt die Stellung der Erde im Luftmeer unter der Voraussetzung, dass die Anziehungskraft der Sonne voll wirkt.

Was die Sonne von der Luft in dieser Weise also durch ihre Anziehung auf ihre Seite rückt, kann aber auf die Erdoberfläche nicht mehr drückend wirken, denn die Anziehungkraft der Erde ist dieser Luftmasse gegenüber durch ein Gegengewicht lahm gelegt.

Erde und Atmosphäre in Ruhe gedacht, würde die Vertheilung der letzteren sich so gestalten, dass das Barometer auf dem Aequator überall gleichen Druck zeigt. Damit ist aber nicht gesagt, dass sie überall gleiche Höhe hat, vielmehr muss sie auf der Tagseite mehr als auf der Nachtseite zeigen.

Wir wollen annehmen, dass das ungefähr erreicht wird, wenn die Erde in der Atmosphäre die Stellung zeigt, wie in der Figur 14 durch den punktirten Kreis angedeutet. Nun steht die Erde und ihre Atmosphäre aber nicht still, ist vielmehr in kreisender Bewegung.

Wenn die Sonne auf der ihr zugewandten Tagseite. dauernd, wie es doch geschieht, die grössere Hälfte der Atmosphäre haben will, so müssen dadurch Störungen in dem gleichmässigen Kreislauf um die Erde hervorgerufen werden. Die Bewegung der Luft wird auf der einen Seite dauernd verlangsamt, auf der anderen Seite beschleunigt.

Die Beschleunigung wird namentlich von Sonnenaufgang an bemerkbar werden und sich in den Stunden bis 10 Uhr rasch steigern. Das Maximum erreicht die Höhe der Atmosphäre aus der Anziehung der Sonne an dem der Sonne nächsten Punkt des Erdäquators, also Mittags.

Ueber diesen Punkt hinaus wird die zugeströmte Luftmasse durch die ihr einmal aus der Erddrehung innewohnende Bewegung hinweggeführt. Es ist aber klar, dass, wie die Anziehung der Sonne vorher treibend auf die Bewegung der Atmosphäre wirkte, sie nun zurückhaltend wirken muss und dass das in den Stunden von 2 Uhr ab, wo sich ein Punkt des Erdäquators rasch von der Sonne entfernt, immer deutlicher hervortreten muss.

Die Verzögerung hält an so lange, wie ein gedachter Punkt des Erdäquators sich überhaupt noch von der Sonne entfernt, also für alle Punkte desselben, welche die Zeit zwischen 12 Uhr Mittags und Mitternacht zeigen.

Von da ab nähern sich die Punkte der Sonne wieder und vermöge der Anziehungskraft werden sie in beschleunigte Bewegung gerathen.

Aus der Anziehungskraft, die die Sonne übt, erhalten wir demnach verschiedene Bewegung der Luft: Beschleunigung von Mitternacht über Morgen bis Mittag und entgegengesetzt Abnahme von Mittag über Abend bis Mitternacht.

Zu 4. Auch der Mond übt eine Anziehung auf die Luftmassen der Erde aus, aber diese Anziehung muss sich nicht nur in täglichen Perioden äussern, entsprechend der Erddrehung, sondern auch entsprechend der langsamen Umdrehung des Mondes um die Erde in langsam verlaufenden.

Wenn der Mond der Sonne entgegengesetzt ist (Vollmond), so muss er dahin wirken, dass auf der Nachtseite mehr von der Luft ist, als wenn seine Anziehungskraft mit der Sonne in dieselbe Richtung fällt.

Wir werden, so lange der Mond auf der Tagseite der Erde steht, grössere Differenzen in der Höhe der Luftschicht bei Tag und bei Nacht haben, als wenn er auf die Nachtseite tritt und gleichsam ein Gegengewicht gegen die Anziehung der Sonne ausübt.

Diese vier Punkte zusammen rufen im Wesentlichen den eigenthümlichen Gang des Luftdrucks unter den Tropen hervor. Es ist immerhin möglich, dass das Wasser aus denselben Ursachen gleichen Aufstauungen und Abschwellungen unterworfen ist, die in Fluth und Ebbe zum Ausdruck gelangen.

Auf Eins sei aber noch besonders hingewiesen, dass die Höhe der Luftsäule unter Umständen nicht im geraden Verhältniss zum Barometerstande steht.

Es ist z. B. nach Maassgabe aller Verhältnisse namentlich bei Neumond wahrscheinlich, dass die Höhe der Atmosphäre über dem der Sonne am nächsten liegenden Erdpunkte am höchsten ist und dass sich um diesen Punkt eine Zone höchster Luftmassen vertheilt. Dennoch erfahren wir aus dem Barometer, dass der messbare Druck schon von 10 Uhr Vormittags ab sich vermindert.

Vergleichen wir das Barometer mit einer Wage, so würde es so sein, dass auf die eine Schale zwar neue Luft gelegt wird in Folge der sich verstärkenden Höhe der Luftschicht, dass aber die andere gleichzeitig noch mehr Gewichte erhält durch die Anziehung von Sonne und Mond, also entlastend wirkt.

Die äusserst complicirten Vorgänge, die sich in Folge aller der vorgeführten Ursachen abspielen, haben auf das Barometer die Einwirkung, dass unter dem Aequator Fallen und Steigen sich in sechsstündigen Perioden ablösen und es ist das eine neue Quelle der Bewegung für die Luft, weil die sich weiter drehende Erde das Hoch und Tief örtlich verschiebt und es damit an Stellen geräth, für welche derselbe Stand des Druckes nicht mehr einen Gleichgewichts-zustand bedeutet.

Dass dann die Luft durch das Hoch oder Tief in Bewegung ge-setzt wird, darüber ist heute wohl Niemand in Zweifel. Es wird diesen Schwankungen wahrscheinlich sogar zuviel Werth in Bezug auf die Luftbewegung beigelegt. Weniger ist darauf geachtet, dass auch das Wasser in eine Bewegung gerathen muss, wenn in ewig taktmässigem Gange Hoch und Tief des Luftdruckes über seine Fläche dahinzieht.

Dem Einfluss der Lufterwärmung auf den Luftdruck mag ein besonderes Kapitel gewidmet sein, weil dort die Anschauungen wohl einer wesentlichen Umformung unterzogen werden müssen.

4. Die Bewegung der Luft in Folge Erwärmung.

Dove hat einst der Auflockerung der Luft durch Wärme eine sehr weitgehende Bedeutung zugemessen, ja sie als die Quelle eines grossartigen Luftaustausches zwischen Aequator und Pol angesehen. Unter dem Aequator ist die Macht der Sonnenstrahlen am stärksten, dort wird nach seinen Anschauungen die Luft am meisten aufgelockert, sie wird leichter, sie steigt deshalb mit erheblichem Auftrieb aufwärts. Ueber dem Aequator muss dadurch ein luftverdünnter Raum entstehen, den die benachbarten Luftmassen zu füllen suchen. In Folge dessen erfolgt von Norden und Süden her Zustrom zum Aequator. An Stelle der hierdurch nördlich und südlich verlorenen Luftmassen und um deren Raum wieder zu füllen und zu ersetzen, strömt die über dem Aequator in die Höhe gestiegene Luft in Richtung nach den Polen ab. Es ist bekannt, wie Dove hierauf fussend, je einen grossen Kreislauf für die nördliche und für die südliche Halbkugel construirte.

Man hat dann nach Entdeckung des barischen Windgesetzes lediglich die Differenzen im Luftdruck als die Quelle der Luftbewegung angesehen und hat endlich, weil damit doch nicht alle Erscheinungen erklärt werden konnten, ein Stück der Dove'schen Theorie wieder aufgenommen und in fast allen Lehrbüchern finden wir nach den Arbeiten von Ferrel und Sprung eine schematische Darstellung von Luftkreisläufen, die ihre erste und wahre Ursache haben sollen in den Wärmeunterschieden der verschiedenen Breiten.

Wer an einem heissen sonnigen Sommertage in weiter Ebene steht, wird bemerken, dass man die geraden Linien, z. B. eines Hauses, nicht als solche sieht. Die Luft flimmert und dadurch verwischen sich die scharfgezeichneten Linien. Dieses Flimmern der Luft ist offenbar ein Zeichen der Erhitzung der Luft und des Aufsteigens.

Es sei aber die Frage erlaubt, ob jemand, wenn die Luft in dieser flimmernden Bewegung ist, das Auftreten von Winden als eine regelmässig eintretende Erscheinung beobachtet haben will. Ich glaube nicht, vielmehr ist es so, dass man gerade dann vergeblich nach einem erquickenden Hauch lechzt. Die Luft erscheint uns in vollkommener Ruhe, obgleich doch gerade das Flimmern durch aufsteigende heisse Luft hervorgerufen wird. Wenn man stundenlang und Tag für Tag die Sonne in dieser Weise wirken sieht, dann treten Zweifel an der Richtigkeit bezüglich der Annahme von Ausgleichsströmungen aus weiten Fernen auf Grund dieser Veranlassung immer eindringlicher auf.

Die Natur weiss das Gleichgewicht, wenn es durch die aufsteigenden Ströme gestört wird, sofort wieder herzustellen, sie gleicht diese Spannungen in kleiner aber millionenfacher Arbeit aus. Diese kleine Arbeit nehmen wir mit unserem Gefühl in der Regel nicht wahr, während uns das Auge wenigstens etwas davon wahrnehmen lässt, nämlich das Flimmern der Luft.

Gegen die Ausgleichung in weitem Kreislauf, mag man ihn nun vom Aequator bis an den Pol oder bis an die Wendekreise gehen lassen, spricht zunächst der Umstand, dass ja die Sonnenwirkung nicht auf die äquatorialen Gegenden beschränkt ist, sondern jeder Meridian auf seiner ganzen Tagseite unter dem Einfluss der Sonne steht. Die Auflockerung tritt für das Gebiet des gleichen Meridians für nahe gelegene Breiten in so gleicher und gleichmässiger Weise ein, dass man nur schwer ein bewegendes Moment darin erkenen kann. Wenn über dem Aequator zur Zeit der Aequinoctien Mittags die Sonne die Luft lockert, so thut sie es fast in gleichem Maasse bis zu den Wendekreisen und jenseits der Wendekreise wird nur ganz allmählich die Wirkung geringer.

Es ist nicht verständlich, wie bei solcher Sachlage der Abstrom vom Aequator nach Norden und Süden erfolgen soll, ganz abgesehen davon, dass auch die Luftdruckverhältnisse, wie sie thatsächlich vorliegen, einen Abstrom nach Norden und Süden erschweren. Der Aequator hat ja niedrigere Barometerstände, als die Wendekreise. Die Annahme, dass die Druckverhältnisse in grösserer Höhe zu Gunsten des Abstromes sich gestalten, ist haltlos, wie sich aus den späteren Darlegungen ergeben wird.

Viel eher liesse sich ein regelmässiger Strom von den Längen, die Mittag zeigen, nach denen, die die späteren Stunden haben, annehmen. Wir haben ja doch in den Tropen um 10 Uhr Vormittags ein barometrisches Maximum und von da ab mit vorschreitender Zeit Abnahme bis 4 Uhr. Erst dann steigt der Druck wieder. Die Luftdruckverhältnisse liegen also für einen solchen Umlauf in Richtung der Parallelkreise weit günstiger, als für den Abstrom nach Süden und Norden.

Auch ist darauf hinzuweisen, dass die Auflockerung der Luft durch Wärme immer nur so weit eintritt, wie es die Druckverhältnisse auf der erwärmten Stelle und der Nachbarschaft gestatten. Durchaus nicht in jedem Falle hat wärmere Luft gegenüber kälterer die Kraft des Auftriebes.

Selbst grosse Wärmedifferenzen können unter Umständen neben einander bestehen, ohne dass es zu entsprechend starker ausgleichender Luftbewegung kommt. Sehr interessant in dieser Beziehung ist die Vertheilung der Wärme und die Windbewegung über Deutschland am 1. Januar 1896.

Die Karte (Fig. 15 auf Taf. II) zeigt, dass die Isobare 765 Frankreich, fast ganz Deutschland und Russland beherrscht, dass also der Druck in diesem Gebiete ganz ausserordentlich gleichmässig ist. Die Isobare durchschneidet Gebiete mit Temperaturen von — 25⁰ im Osten, bis + 10⁰ im Westen und dennoch vermag diese Vertheilung der Wärme nicht den Druck im Westen zu verringern, im Osten zu steigern und damit einen energischen Oststrom zu erzeugen. Wohl treten Ostwinde in geringer Stärke vielfach auf, sogar solche, die gegen das Hoch von 770 wehen, aber ausserdem sind ausgesprochene Windströme da, die in Richtung der Isothermen, nicht gegen sie wehen.

Am 9. Januar 1896 lagen auf ganz engem Gebiet 15⁰ Differenz unter gleichem Luftdruck und dabei weht ein schwacher Strom längs der Isobare aber in die kalte Luft hinein. (Fig. 16 auf Taf. II.)

Auf ganz engem Gebiete habe ich zur Zeit der Schneeschmelze bei windstillem Wetter im Walde Differenzen bis zu 8⁰ gefunden.

Weiterhin ist in Erwägung zu nehmen, dass die Erwärmung der Luft durch die Sonne nur auf Stunden an jedem Tage eintritt und dass entgegengesetzt die Abkühlung und deren Einwirkung auf die Luftbewegung zu beachten ist.

Unter den Tropen erreicht die Wärme ihr Maximum zwischen 3 und 4 Uhr Nachmittags. Mit dem Augenblick, wo die Abkühlung beginnt, hört die Ursache der behaupteten Abströmung nach den Polen zu auf, ja wir haben von da ab mit einer Verdichtung der Luft zu rechnen. Wenn man in Folge der Erwärmung über Tag einen Abstrom der Luft in der Höhe herleitet, dann muss aus der entgegengesetzten Erscheinung also der Verdichtung der Luft durch Abkühlung ein Rückstrom angenommen werden. Vorher muss die Bewegung des Abstroms bereits zur Ruhe gekommen sein, weil die treibende Ursache fehlt.

Endlich ist es noch Eins, was gegen einen grossen Kreislauf vom ganzen Gebiet des Aequators nach Norden und Süden spricht, das ist die Raumvertheilung. Völlig unmöglich ist ein regelmässiger Lauf vom Aequator bis zum Pol, denn eine kalte Zone hat nur etwa 4 % der Erdoberfläche, beide zusammen also 8 %, während der Antheil der heissen Zone 40 % beträgt.

Der Raum in seiner Verengung vom Aequator nach Norden und Süden zu muss dem etwaigen Abstrom der Luft enge Grenzen setzen, denn die Raumverengung ruft Verdichtung der Luft hervor. Sie allein muss den Abstrom hemmen, sie muss aber auch schon in wenig hohen Breiten so hohen Luftdruck hervorrufen, dass von da den äquatorialen Gegenden Ersatz für die abgeströmte Luft gegeben wird. Nur dann kann man sich ein Vordringen der äquatorialen Luft bis zu den arctischen Regionen construiren, wenn man fort und fort also aus jeder Breite auch Rückkehr zum Aequator annimmt. Solche Rückkehr setzt immer voraus, dass vorher die entgegengesetzte Bewegung zur Ruhe gekommen war, dass also die treibenden Impulse für diese aufgehört hätten. Das müsste also örtlich eng begrenzt in jeder Breite eintreten, während im übrigen die nach den Polen treibende Bewegung bleibt.

Wie gezwungen solche Annahmen sind erhellt ohne Weiteres.

Wenn man sich den Einfluss der Erwärmung der Luft auf ihre Bewegung klar machen will, muss man sich zunächst vergegenwärtigen, wie die Wärmeverhältnisse der Luft sind, solange die Sonne noch keinen Einfluss hat, die Abkühlung in Folge der Nacht aber vorüber ist, also in der Zeit um Sonnenaufgang. Wir müssen ausserdem die Vermischung der Luftschichten durch Wind ausschliessen.

Unter solchen Verhältnissen lagert sich die Luft nach ihrer Schwere. Diese ist in der Hauptsache abhängig von dem Druck, den jede Schicht zu tragen hat. Da nun im Allgemeinen die Wärme mit dem Druck abnimmt, so finden wir die Wärme unmittelbar über der Erde am höchsten, in Entfernung davon niedriger. Eine Abweichung von diesem Gesetz finden wir in der Regel da, wo bei gleichem Druck oder annähernd gleichem Druck die Luft einer besonderen Kältequelle ausgesetzt ist. Solche treten namentlich da hervor, wo Ausstrahlung und Verdunstung auf die Erdoberfläche besonders gewirkt haben. Ist diese dadurch kühler als die darüber lagernde Luft geworden, so theilt sich die Abkühlung auch der Luft mit und zwar lediglich der untersten Schicht. Auch durch Verdunstung der Pflanzen kann örtlich eine besondere Abkühlung der untersten Luftschicht herbeigeführt werden.

In dieser Weise abgekühlte Luft wird durch Zusammenziehung noch schwerer, sie sucht sich daher auf dem Boden auszubreiten, fliesst allen Vertiefungen zu, um dort liegen zu bleiben. Die wärmere Luft wird dadurch etwas gehoben.

Wir finden also folgende Schichtung und Wärmevertheilung: Die Luft hat sich nach ihrer Schwere gelagert; dabei liegt dann entweder die wärmste Schicht ganz unten oder diese erscheint etwas gehoben. Wenn das letzte der Fall ist, nimmt die Wärme von der Erdoberfläche aus zunächst zu, erreicht bald ein Maximum und von da ab tritt erst das gesetzmässige Fallen der Wärme ein.

Die Bildung einer kältesten Schicht in der Tiefe dicht über dem Erboden wird, wie beiläufig bemerkt sein mag, häufig die Ursache von Mai- und Septemberfrösten. Aus der ursächlichen Entstehung dieser Fröste folgt, dass namentlich die Einsenkungen und Thalgründe betroffen werden, dass sie meistens bei Windstille auftreten und dass sie selten weit hinaufreichen. Hundertfach kann man in unseren Waldungen nachweisen, dass die Maifröste ganz locale Ursachen haben. Allgemeine Fröste, wie wir sie z. B. im Jahre 1880 hatten, gehören glücklicher Weise zu den grossen Ausnahmen.

Was geschieht nun, wenn die Sonne auf die Luftmassen einwirkt, welche nach ihrer Schwere geschichtet und gelagert sind? Zur Beantwortung dieser Frage ist es vor allen Dingen wichtig, sich klar zu machen, dass auf dem Lande die Sonne niemals grössere Flächen gleichmässig beeinflussen kann, es löst sich vielmehr die Gesamtwirkung in unzählige Einzelfälle auf. Die Sonne kann ja nicht die Flächen gleichmässig bescheinen, jeder Maulwurfshügel hat vielmehr seine Sonnen- und seine Schattenseite, jeder Strauch, jeder Baum wirft seinen Schatten und verhindert, dass die Sonne in gleicher Weise wirken kann. Ebenso müssen sich aber Unterschiede herausbilden, je nach der Bodenart, nach dem Wassergehalt derselben Bodenart, nach der Benutzung des Bodens zu Wiese, Acker, Wald; beim Walde treten Unterschiede auch nach der Dichtheit des Standes der Stämme, nach dem Charakter der Pflanzen auf. Bei den Holzarten ist z. B. Nadelholz und Laubholz zu trennen und dieses wie jenes zeigt wieder in sich wesentliche Unterschiede, Buche und Eiche, Fichte und Kiefer stehen durchaus nicht auf gleicher Linie. Ueberall und überall ist die Macht der Sonne eine andere und dennoch werden alle die unzähligen Einzelwirkungen etwas Gemeinsames, etwas nach einer Richtung Gehendes haben.

Nehmen wir zunächst den Fall, dass die wärmste Schicht nicht unmittelbar dem Boden aufliegt, so ist der Erfolg der Sonneneinwirkung zunächst der, dass die kalte Schicht von der Oberfläche verschwindet, denn die Luft wird durch die Sonne von unten her erwärmt. Mit der Erwärmung erfordert die Schicht mehr Raum und gewinnt ihn, indem sie die darüber liegende Luft hebt. Die Arbeit und Bewegung findet ihren Abschluss, sobald die Schichten mit der Lagerung nach der Schwere auch die Lagerung nach der Wärme gewonnen haben.

Kann nun die Sonne weiterhin wirken und die Luft von unten her erwärmen, so erhält sie wegen der damit eintretenden weiteren Ausdehnung die Kraft des Auftriebes. Die Ausdehnung bewirkt Wärmeverlust, der Auftrieb Compression und Erwärmung der darüber gelagerten leichteren und dünneren Luft. Es wird also über dem Ort, wo die Sonne wirken kann, ein Säulchen Luft entstehen, welches gleich dicht und gleich warm ist. Wegen der ungleichen Einwirkung der Sonne werden wir aber neben diesem Säulchen ein anderes finden, welches noch die frühere Wärmeschichtung zeigt, und damit ist die Ursache zu einer Bewegung der Luft zwischen beiden Säulchen gegeben.

Es sei (Fig. 17 auf Tafel II) im Säulchen a die Luft gleich dicht und warm, im Säulchen b von unten nach oben abnehmend, dann wird etwa in der Mitte (Linie c d) Dichtheit und Wärme in beiden Säulchen gleich sein. Auf dem Grunde der Säule b ist die Luft schwerer, als auf dem Grunde der Säule a und es wird daher die Luft von Säule b aus nach a sich ausbreiten. Dadurch wird die Luft in der Säule b verdünnt, in a verdichtet und es fordert das einen Ausgleich. Die Luft kommt also, da in a Auftrieb ist, in den Säulen in eine kreisende Bewegung, durch welche die Luft in ihnen sich mengt.

Die Kreisläufe gelangen mit dem Augenblicke zur Ruhe, wo die gesetzmässige Lagerung wieder hergestellt ist. Sie beginnen wieder, sobald die geringste Störung eintritt. Sie werden minimale Ausdehnung haben, wenn die Sonne nur wenig wirkt, sie werden an Ausdehnung gewinnen, sobald die Kraft der Sonne sich steigert. Sie werden sich anlehnen an die Schatten jedes Hauses, an den Schatten jedes Baumes und Strauches, an Wälder, Hügel und Berge ebenso, wie an jede kleinste Verschiedenheit des Bodens, seiner Benutzung, soweit sie auf seine Wärme und die darüber liegende Luft Einfluss haben.

Diese zahllosen kleinen Kreisläufe bewirken, dass die Sonnenwärme überallhin geleitet wird, dass die Temperatur mit dem Steigen der Sonne sich überall, selbst im tiefsten Schatten, erhöht, dass sie aber zugleich auch fortwährend da abgeschwächt wird, wo die Sonne ihre Kraft voll äussern kann.

Die Kreisläufe ändern ihre Bahn in mannigfachster Weise, je nachdem die Ursache ihrer Entstehung auftritt. Was morgens nach der einen Richtung wirkte, kann Abends entgegengesetzte Erscheinungen hervorrufen, immer aber sind die Ausgleichungen räumlich eng begrenzte. Es sind Bewegungen, denen jede Wolke Einhalt gebieten oder entgegengesetzte Richtungen anweisen kann.

Wenn festgestellt ist, dass die Temperatur aufsteigender Luft auf je 100 m um einen Grad abnimmt, dann kann man für jede Amplitude die Höhe berechnen, bis zu der sich höchstens die Kreisläufe erstrecken können.

Selbst bei einer solchen von 20⁰ würde der Kreislauf sich nur auf 2000 m Höhe erstrecken. Mit so hohen Differenzen haben wir ja aber nur auf ganz beschränkten Gebieten zu rechnen, und um so weniger, als sich der Ausgleich überall vom Beginn der Sonnenwirkung an vollzieht und vermöge dieser sofort eintretenden Arbeit immer nur Differenzen von einigen Graden zu bestimmtem Zeitpunkt vorliegen.

Jede Wolkenbildung drückt die Amplitude örtlich sehr erheblich herab und damit auch die Höhe der ausgleichenden Kreisläufe. Selbst wenn auf 100 m weniger als 1⁰ Wärmeabnahme später festgestellt würde und damit die Berechnung der Höhe von den Kreisläufen ein höheres Ergebniss haben würde, spielen sie sich in der Regel nur bis zu Höhen ab, die viele unserer Gebirge erreichen. Hohe Gebirge, namentlich solche, die von West nach Ost streichen, also Süden und Norden trennen, können daher sehr wohl — wie es thatsächlich der Fall ist — als Klima- und Wetterscheiden auftreten.

Ballonfahrten haben ergeben, dass selbst in heissen Zeiten in höheren Luftschichten über dem erhitzten Gelände eine so niedrige Temperatur herrscht, dass wenn diese Schichten auf diejenigen, welche die Erdoberfläche einhüllen, wirklich in nennenswerthe Weise einwirken könnten, alles Leben auf der Erde vergehen müsste.

Verfolgt man diesen Gedanken und sieht, wie überall unter dem Einfluss der Sonne auf unserer Erde Leben sich regt und erweckt wird, dann wird man auch hieraus den Beweis entnehmen können, dass die Natur in ihren wunderbar einfachen und weisen Einrichtungen dafür gesorgt hat, dass die eisigen äusseren und entfernten Lufthüllen sich der Erde selbst und ihren warmen Oberflächen-Umhüllungen nur unter ganz besonderen Verhältnissen nahen können.

Nun haben wir ja bis hierher nur die Erwärmung und ihre Folgen auf und über dem Lande ins Auge gefasst. Ein Blick auf die Landkarte belehrt uns aber, dass gerade für das heisseste Gebiet der Erde das Land in seiner Ausdehnung gegen das Wasser zurücktritt. Wir werden also die Verhältnisse, die sich auf und über dem Wasser finden, einer ganz besonderen Würdigung zu unterziehen haben.

Wasser kann mit seiner glatten Oberfläche von der Sonne bei weitem gleichmässiger getroffen werden, als das Land. Wir werden also hier nicht in derselben Weise, wie auf dem Lande die Gesammtwirkung in zahllose Einzelvorgänge zerfallen sehen. Dass auch hier die Gesammtwirkung sich in Einzelvorgänge auflöst, ist auf die Wolkenbildung zurückzuführen. Diese allein stört die gleichmässige Wirkung der Insolation.

Ist nun die Wirkung der Sonne auf die über dem Meere lagernde Luft so erheblich, dass sich grosse gewaltige Luftbewegungen daraus entwickeln können?

Diese Frage muss auf Grund aller Mittheilungen über die Amplitude verneint werden. Die Schwankungen in der Temperatur sind über dem tropischen Ocean äusserst gering. Damit ist aber auch festgestellt, dass ein erheblicher Auftrieb der Luft durch Erwärmung nicht eintreten kann. **Die Bewegung kommt schon in ganz geringen Höhen zum Stillstande.**

Wenn wolkenloser Himmel vorhanden ist, würden wir z. B. Morgens früh unten 26°, in 100 m 25°, in 200 m 24° finden. Wirkt nun die Sonne und erhöht sich die Temperatur unten auf 27°, so würde die betroffene Luftschicht sich ausdehnen, dabei etwas an Wärme wieder einbüssen, während die nächst höhere verdichtet und dabei erwärmt wird. Die Schichten werden so lange gegen einander wirken, bis in beiden die Temperatur gleich ist. Erhöht sich die Temperatur dann noch mehr, so wird die Arbeit der Gleichstellung höher hinaufreichen. Mit erreichter Gleichstellung ist aber auch die Ursache der Bewegung gefallen.

Erscheinen Wolken, so erhalten wir damit Stellen, wo die Sonne nicht wirken kann, wo also eine Lagerung der Schichten lediglich nach Schwere und Wärme eintritt. Wir erhalten damit wie vorhin Säulen von Luft mit verschiedenem Aufbau, in der einen a ist die Luft gleichmässig schwer, in der anderen b nach oben abnehmend. (Vgl. Fig. 17 auf Tafel II.)

Beide Säulen gegeneinander verhalten sich wieder so, wie wir es auf dem Lande finden, also in der Mitte (cd) ist die Schwere in beiden gleich, am Grunde ist die Luft in a leichter als in b, während an der Spitze in a die Luft schwerer ist als in b. Die Folge davon ist, dass die Luftsäulchen sich gegenseitig durchdringen.

Die Ausgleichungen auf diesem Wege treten natürlich bereits bei sehr kleinen Wärmedifferenzen auf, sie werden daher oft kaum wahrnehmbare Luftbewegungen erzeugen. Thatsächlich aber sind sie vorhanden und sie vermindern den Auftrieb der Luft.

Die geringe Amplitude und die Einwirkung der Wolkenschatten machen es geradezu unmöglich, dass der Auftrieb der Luft regelmässig bis zu hohen Schichten wirken kann.

Ungefähr drei Viertel des Tropengebiets ist vom Wasser eingenommen und ein Viertel vom Lande. Kann man da wohl den vielfach behaupteten Abstrom der Aequatorialluft wegen des durch Erwärmen eintretenden Auftriebes aufrecht erhalten? Gewiss nicht!

Die Auffassung, dass die Frage zu bejahen ist, wird erleichtert durch die Erscheinungen, welche wir da finden, wo Land und Wasser zusammenstossen. Auf dem Lande ist die Amplitude gross, auf dem Wasser klein, es können also hier Luftsäulen neben einander entstehen, die wesentlich verschiedene Verhältnisse und damit sehr starken Austausch der Luft zeigen. Die Vorgänge spielen sich mit solcher Deutlichkeit ab, dass sie längst erkannt und bekannt sind.

Das Land erwärmt sich mit Eintritt des Sommers rascher und höher, als das Wasser und theilt diese Temperaturen der darüber gelagerten Luft mit. Infolge dessen ist der Auftrieb und die Auflockerung der Luft über dem Lande grösser als über dem Meere und es stehen nun zwei Luftsäulen neben einander, die in sich verschiedene Schwere haben. Ueber dem Lande ist der Druck und die Dichtigkeit auf dem Grunde der Säulen geringer, als auf gleicher Höhe über der See, oben ist hingegen das umgekehrte der Fall, dort ist die Landluft dichter und unter höherem Druck, als über der See und so entwickelt sich ein Kreislauf zwischen Seeluft und Landluft, die Erdoberfläche hat bei starker Sonnenwirkung Wind von der See.

Es ist klar, dass auch dieser Wind zur Ruhe kommen muss, wenn die treibende Ursache fällt, wenn also das Land und die darüber lagernde Luft nicht stärker erwärmt wird, als die Luft über der See. Der Wind muss sogar die umgekehrte Richtung, also vom Lande zur See, einschlagen, wenn die See und die über ihr gelagerte Luft wärmer ist, als das Land und dessen Luft.

Aus diesen Verhältnissen heraus müssen diese Winde nicht nur ihre tägliche Periode, sondern auch eine solche nach den Jahreszeiten haben. Die Regel ist: Am Tage Seewind, Nachts Landwind, im Sommer Seewind, im Winter Landwind.

Das bekannteste Gebiet in solcher Weise wechselnder Winde ist das des indischen Oceans, die gleichen Erscheinungen aus gleichen Ursachen treten aber überall auf, wo Wasser und Land an einander grenzen.

Es mag aber hier noch darauf aufmerksam gemacht werden, dass grössere Waldungen, wenn und so lange sie belaubt (benadelt) sind, in ähnlicher Weise wirken wie die See.

Die Waldluft unter dem Laubdach kann von der Sonne nicht so erwärmt werden, wie die Luft über dem freien Felde. Die Verhältnisse sind erst gleich für beide Luftsäulen von der Höhe ab, von der der Wald aufhört.

Ueber dem freien Lande muss also die Sonnenwirkung lebhafter sein in den untersten Schichten, als in der beschatteten Waldluft. Die Folge ist, dass wieder Säulen mit verschiedener Schichtung nach Druck und Luft neben einander entstehen. Feldluft hat, wenn die Sonne eine Zeitlang gewirkt hat, auf dem Grunde weniger Dichtigkeit und Druck, aber höhere Wärme als die Waldluft, während nach oben das Umgekehrte eintritt.

Unter solchen Verhältnissen muss am Grunde die Waldluft aus dem Walde treten und oben unter den Kronen oder durch die Kronen wieder eintreten (Fig. 18 auf Tafel II).

Die Rolle, welche der Wald im Haushalt der Natur und im besonderen auf die Abstumpfung der Temperaturextreme spielt, ist zu verschiedenen Zeiten sehr verschieden aufgefasst. Noch vor einem Jahrzehnt hat man ziemlich allgemein die Wirkung überschätzt, jetzt ist man auf dem besten Wege, sie zu unterschätzen. Des Waldes Wirkung kann nur eine bescheidene sein, weil der Luftraum, den der Wald umschlossen hält, nur eine sehr bescheidene Höhe hat. Wenn man sie im Durchschnitt der ganzen Waldfläche auf 15 m an-nimmt, so ist das das Höchste, was zugebilligt werden kann. Gegenüber der gewaltigen Ausdehnung des Luftmeeres können diese 15 m nur mitsprechen, weil sie unmittelbar auf der Oberfläche ruhen und weil die Wirkung, welche die sich im Anschluss an den Wald abspielenden Vorgänge ausüben, der Oberfläche wieder zu gute kommen, dort in wohlthätigster Weise von der Vegetation und von uns Menschen empfunden werden.

Die Wirkung des Waldes beruht aber nicht nur auf dem vorhin erwähnten Umstande, sondern hauptsächlich darauf, dass der Boden sich langsamer erwärmt und abkühlt als im Freien. Die Temperatur des Bodens beeinflusst aber fortwährend die der darüber lagernden Luft, kühlt sie also ab oder erwärmt sie.

Man hat nun gefunden, dass die Unterschiede der Bodenoberflächentemperatur im Felde und im Kiefernwalde zwar Morgens gering sind, aber Mittags durchschnittlich $10°$ und in einzelnen Fällen $20°$ und mehr*) erreichen.

Trotzdem hat man mit Hülfe verfeinerter Instrumente, die einen besseren Einblick in die Temperaturverhältnisse als früher ermöglichten, den in früherer Zeit behaupteten Unterschied in der Lufttemperatur von Feld und Wald nicht wachsen, sondern auf $0{,}2°$ für den Kiefernwald zusammenschrumpfen sehen. Daraus ist der Schluss keineswegs gerechtfertigt, dass der Wald sehr wenig die Aussenluft beeinflusse. Es ist das vielmehr ein Zeichen dafür, dass der Austausch zwischen Aussenluft und Waldluft mit einer ganz ausserordentlichen Schnelligkeit sich vollzieht, dass er selbst bei kleinsten Differenzen bereits eintritt und dass dadurch die Entstehung grösserer überhaupt verhindert wird. Wenn zwischen Feld und Wald Differenzen in der Wärme der Bodenoberfläche von oben gedachter Höhe $(10{-}20°)$ bestehen, so muss im Walde die unmittelbar darüber lagernde Luft wesentlich kühler sein, als im Felde. Lässt sich dieses nicht nachweisen, so ist das hauptsächlich ein Zeichen für die schnelle Ausgleichungsarbeit in der Natur, kann dabei auch ein Zeichen sein, dass unsere Beobachtungen selbst bei Anwendung des Aspirationsthermometers nicht fein genug sind.

Der Wald wirkt im Sommer auf seine Umgebung abkühlend am Tage, wärmend in der Nacht. Das weiss ohne jede Ablesung am Thermometer jeder, der einmal im heissen Sommer am Walde gewohnt hat, ebenso wie jeder an der See Wohnende den ähnlichen Einfluss dieser kennt.

---

*) Schubert, Met. Zeitschrift 1895. S. 365.

An windstillen sonnenhellen Sommertagen tritt die kühle Waldluft unten aus dem Walde heraus, während die Feldluft oben eintritt,
der Process kommt zur Abschwächung mit den Abendstunden und
zum Stillstand und kehrt sich Nachts ins Gegentheil um.

Bei Wind kann das natürlich nicht beobachtet werden;
der Wind wird durch den Wald abgeschwächt, trotzdem drängt er
die Waldluft auf seiner Bahn vorwärts, so dass sie auf der unter
Wind liegenden Seite austreten muss. Diese wird also dann fast
ausschliesslich vom Walde beeinflusst.

Aus den vorstehenden Erwägungen geht hervor, dass die Erwärmung der Luft durch die Sonne zwar überall Bewegung
der Luft hervorruft, dass wir es aber niemals mit einer
solchen zu thun haben, welche an und für sich aus eigener
Kraft das ganze Luftmeer in bestimmt gesetzmässiger
Weise in Bewegung setzen kann.

Einen Einfluss auf die grossen Kreisläufe können diese Bewegungen
nur dann haben, wenn sie sich geradezu an diese anlehnen.

So wird z. B. an dem grossen Theilkeil Brasilien der von der
See kommende Luftstrom, wenn die Sonne die Luft über dem Lande
erhitzt und zum Aufsteigen gebracht hat, tiefer in das Land eindringen
können, als dann, wenn die Sonnenwirkung fehlt. Der Strom wird
also schon an dieser Stelle je nach den Wärmeverhältnissen der Landluft verschiedene Bahnen gehen. Er wird auf seinem späteren Wege
in hervorragender Weise abermals beeinflusst werden durch die Südstaaten der nordamerikanischen Union. Ueberall wird das Eindringen
in die Landmassen erleichtert werden, wenn und wo die Luft durch
die Erwärmung aufgelockert ist, es wird erschwert, wo die Luft durch
Erkaltung dichter geworden ist.

---

5. Die Theilung der Tropenwärme zwischen der nördlichen und südlichen Halbkugel.

a) Wasser.

Wir haben gesehen, dass der Keil, welchen Süd-Amerika dem Umlauf der tropischen Gewässer des atlantischen Oceans entgegensetzt, die Ursache zur Theilung des Stromes wird, und dass sich folgegemäss die Kreisläufe des atlantischen Oceans daraus entwickeln. Nun liegt Cap San Roque südlich vom Aequator. Nach der ganzen Ausformung des Landes dürfen wir annehmen, dass etwa vom $5.^0$ s. Br. die Wasser zur nördlichen und südlichen Halbkugel abfliessen, dass also hier die Wasserscheide liegt.

Wenn wir nun die Verhältnisse der südlichen Halbkugel betrachten, so bewegt sich dort das Wasser auf einem Wege, der nur $18^1/_2$ Breitengrade lang ist unter dem Gebiete der Tropen. Er verläuft fast genau in der Richtung von NNO nach SSW ohne Einbuchtungen, wesentliche Krümmungen und Schleifen zu machen.

Ganz anders gestaltet sich dagegen der Weg, welchen die zur nördlichen Halbkugel abströmenden Wasser nehmen. Bis zu dem Wendekreise des Krebses sind allein schon $28^1/_2$ Breitengrade zurückzulegen. Die Wasser werden dabei vom 35. Längengrade in der Richtung von SSO nach NNW bis etwa zum $90.^0$ fortgeführt, um dann den Schleifenweg durch den Golf von Mexiko zurückzulegen und bei der Halbinsel Florida nochmals bis in die Tropen zurückgewiesen zu werden. Diesem Strom gesellen sich zu die Wasser, welche nördlich abgelenkt, nicht mehr das caraibische Meer gewinnen, sondern östlich der kleinen und grossen Antillen auf Florida ihren Lauf nehmen.

Es ist doch wohl kein Zufall, dass die Linie, welche die Temperatur 27⁰ und 25⁰ Meerwasserwärme trennt, nördlich in weiter Entfernung, aber fast parallel der Nordküste Südamerikas verläuft, also von SSO nach NNW, dass sie auf der nördlichen Halbkugel weit vorgeschoben, erst etwa am 30. Breitengrade die Küste Nordamerikas trifft, während südlich schon innerhalb der Tropen, etwa vom 18.⁰ an die Temperatur bis 25⁰ C. sinkt (Fig. 19 auf Taf. II).

Es wird sodann das Bett des nördlichen atlantischen Oceans, wie es durch die Küsten Nordamerikas, Grönlands und Europas gebildet ist, nach Norden hin nicht breiter. Es nimmt also nach Norden die Masse der dort lagernden Wasser nicht zu. Der Golfstrom vermag sie theilweise vor sich her in das Eismeer zu schieben und dann selbst nachzudringen. So sehen wir denn, dass die Kurven gleicher Wasserwärme sich nach N immer mehr ausstülpen, ja die Kurven für 5⁰ Wärme in ganz ausgesprochener Weise von SW nach NO verlaufen.

Ganz anders und wesentlich ungünstiger gestalten sich die Dinge auf der südlichen Halbkugel.

Verhältnissmässig rasch strömen die Wasser den kühleren Breiten zu und erfahren demgemäss auch raschere Abkühlung (Fig. 7 auf Taf. I).

Vor allem Dingen aber spitzen sich Südamerika und Afrika, welche zwischen sich das Bett des südlichen Kreislaufes vom atlantischen Ocean lassen, nach Süden hin zu. Das Bett wird breiter, die warmen Wasser der Tropen finden in ihrem Vordringen mehr Widerstand, denn die Massen warmen Wassers sind im Verhältniss zum vorhandenen Vorrath kühleren Wassers zu gering.

So sehen wir denn, dass die Kurven gleicher Wasserwärme nach Süden immer mehr sich dem Lauf der Breitengrade anschliessen und dichter zusammenrücken (Fig. 19 auf Taf. II).

Der Einfluss des warmen Tropenwassers reicht also nach Süden verhältnissmässig nicht weit.

Der indische Ocean kann nach Norden überhaupt kein warmes Wasser vortreiben, weil Landmassen den Weg versperren. Das arabische Meer ist ein Binnenmeer und auch der Meerbusen von Bengalen ist mehr als ein Binnenmeer anzusehen, dessen südlicher Abschluss durch den Aequatorialstrom herbeigeführt wird.

Die Warmwassermassen bleiben der nördlichen Halbkugel also voll erhalten.

Die gegen die Küste Madagaskars und Afrikas mit dem südlich abbiegenden Aequatorialstrom geführten Warmwasser gelangen durch die Küste geleitet verhältnissmässig rasch in südlichere Breiten, kühlen sich ab und die höheren Breiten zeigen auch hier nicht wärmeres Wasser, als es im südlichen atlantischen Ocean der Fall ist.

Die rasche Abnahme hängt auch hier zweifellos mit der Ausformung des Beckens zusammen. Auch dieses wird nach Süden breiter und es kann daher die aus den Tropen abströmende Wassermasse nicht den Einfluss gewinnen, als wenn das Bett gleichmässig breit nach Süden bliebe, oder sich verengen würde.

Im grossen Ocean liegen die Verhältnisse für die nördliche Halbkugel wenn auch nicht gleich günstig, so doch annähernd wie im atlantischen Ocean.

Durch die Inseln werden die Wasser aus südlich vom Aequator belegenen Breiten nach Norden abgedrängt und eine lange weite Bahn haben sie unter den Tropen zurückzulegen. Noch innerhalb der heissen Zone, vor den Philippinen, wendet ein Theilstrom sich zur Richtung S W um, ihm gesellt sich ein zweiter hinzu, der um Borneo herum westlich von den Philippinen seinen Lauf genommen und mit der Bewegungsrichtung von S W nach N O bereits von Hinterindien bis zu den genannten Inseln geflossen ist. Beide Ströme zusammen bilden hernach den Kuro Shio, der an Nippons Ostküste entlang fliessend, von da in westliche Richtung übergeht und dem nordamerikanischen Festlande zufliesst (Fig. 6 auf Taf. I).

Das Becken, in dem der Kreislauf auf der nördlichen Halbkugel sich vollendet, ist gegen Norden fast geschlossen und damit wird es unmöglich, dass die Warmwasser so weit vordringen, wie im atlantischen Ocean. Wohl sehen wir, dass die Linie, welche die Mitteltemperatur 10⁰ abschliesst, sich nach Osten zu in höhere Breiten hinein hebt, und ebenso die für 5⁰, aber der Eintritt in arktische Regionen ist versagt, weil die Raumverhältnisse des Oceans es nicht gestatten (Fig. 6 auf Taf. I).

Die grossen Massen nach Norden abgeflossenen Warmwassers

reichen jedoch aus, um immer wieder das Behringsmeer und seine in das Polarmeer führende Strasse zu öffnen.

Die im südlichen pacifischen Ocean sich vorfindenden Kreisströmungen haben alle innerhalb der Tropen die Wendung nach NW noch nicht vollendet, sondern haben noch die Richtung NE bezw. N. Sie gelangen daher, weil auch die NE-Ströme sich über N erst in NW umsetzen können, verhältnissmässig rasch in klimatisch ungünstige Breiten und führen diesen eine kleinere Warmwassermasse zu, als der Norden empfängt.

Soweit bis jetzt bekannt, vermag keiner der auf der südlichen Halbkugel gefundenen von Norden her kommenden Kreisläufe den circumpolaren Kaltwasserstrom, welcher zwischen dem 50. und 60.° entdeckt ist, zu durchbrechen. Selbst die warme Cap Horn-Strömung drängt ihn nur ab bis etwas über den 60.°, aber die warmen Wasser theilen ihn nicht, um sich so den Weg zu den südlichen Polarregionen zu öffnen.

So sehen wir denn, dass die nördliche Halbkugel nicht allein bedeutend mehr von den unter der Tropensonne erwärmten Wassern empfängt, als die südliche Halbkugel, sondern dass auch die Lage der den Abstrom regierenden Landmassen auf der nördlichen Halbkugel bedeutend günstiger ist, als auf der südlichen.

Noch wissen wir ja nicht, wie es um den Pol im Norden und Süden aussieht, aber dass die Warmwasser im unterbrochenen Strome in das nördliche Eismeer eindringen können, während der Eingang im Süden versperrt ist, lässt allein schon den Schluss zu, dass die Verhältnisse im Norden günstiger sind, als im Süden, dass, wie schon einmal hervorgehoben ist, wahrscheinlich der Norden überall von Kanälen durchzogen ist, die sich in jedem Sommer wieder öffnen, während der Süden für das Tropen-Wasser unzugänglich ist.

b) Luft.

Als den machtvollsten grossen Kreislauf der Luft haben wir denjenigen über dem nördlichen pacifischen Ocean erkannt. Auch er hat seinen Ursprung in Bodenausformungen, die auf der südlichen Halbkugel liegen und es wird daher bei der Theilung der Luftmassen mehr von der Tropenwärme der nördlichen, als der südlichen Halbkugel zugewiesen.

Der Parallelismus zwischen Wasser- und Luftströmen ist ganz zweifellos vorhanden und es kann sich nun eine Wechselwirkung zur Aeusserung bringen, die für die nördlichen Gebiete von ganz hervorragender Wirkung ist, nämlich die, dass bald die erwärmte Luft das Wasser vor rascher Abkühlung schützt, bald das erwärmte Wasser die darüber lagernde Luft erwärmt.

Das Vordringen des Warmwassers mit der Tropenwärme von 27° im Jahresmittel bis hinaus über den Wendekreis des Krebses findet erst in dieser Wechselwirkung seine letzte und volle Erklärung.

Der indische Ocean hat in seinem nördlichen Theile einen lebhaften Austausch der Luft mit den Landmassen, die ihn umschliessen.

Es lässt sich nocht nicht genügend Bestimmtes aus Beobachtungen herleiten, wie weit der Einfluss dieser localen Ausgleichungen in das Festland hineinreicht, aber wenn man die Lagerung der Gebirgszüge sich ansieht, dann darf man wohl annehmen, dass die Grenze liegt im Osten bei den in der Richtung von SE nach NW streichenden Gebirgen Sumatras, Malakkas, Hinter-Indiens bis an den Himalaja, im Norden am Himalaja, dem Hindukuh, den nördlichen Randgebirgen Persiens bis zum kaspischen Meere, wenn nicht das Innere Persiens bereits durch die Küstengebirge abgeschlossen ist.

Arabien und die Ostküste Afrikas ist in das Gebiet der localen Ausgleichungen vom indischen Ocean zweifellos auch hineinzuziehen.

Es ist also ein grosses mächtiges Ländergebiet der nördlichen Halbkugel, was klimatisch von dem tropischen indischen Ocean beeinflusst ist. Dabei zeigt es in sich eine grosse Abgeschlossenheit.

Von dem auf der südlichen Halbkugel sich abspielenden Kreislauf wird die Ostküste Afrikas, Madagaskars und die Westküste Australiens beeinflusst, ein Gebiet, was an Grösse kaum mit dem auf der nördlichen Halbkugel in Vergleich treten kann.

Die Kreisläufe der Luft in dem Gebiete des atlantischen Ocean haben ihren Theilkeil in dem Cap San Roque und den dahinter liegenden Gebirgsmassen Brasiliens. Damit ist ausgesprochen, dass die

Theilung der Tropenluft auch hier ungleich vor sich geht und dass wieder die nördliche Halbkugel bevorzugt ist.

Auch hier wie auf dem grossen Ocean tritt wieder der Parallelismus zwischen Luft- und Meeresströmungen hervor, auch hier muss die wichtige Wechselwirkung bezüglich der Wärme von Luft und Wasser sich bemerkbar machen.

Wasser und Luft der Tropen strömen, wie diese kurzen Zusammenfassungen zeigen, in erheblich höheren Massen der nördlichen Halbkugel zu, als der südlichen. Die Verhältnisse sind für unsere Halbkugel so günstig, dass die Ströme bis in die nördlichsten Gebiete geleitet werden und dass es wohl nur ganz kleine Flächen Landes — etwa im Osten Sibiriens — giebt, die von der Tropenwärme nichts empfangen.

Vor allen Dingen aber ist, wie bekannt, Europa in der mächtigsten Weise bevorzugt und empfängt von der Tropenwärme stetig so viel, dass nirgends unter gleichen Breiten die gleiche Gunst des Klimas noch einmal gefunden wird.

6. Folgerungen und Beobachtungen über Wesen und Ursprung der Winde.

Die äquatoriale Luftbewegung haben wir aufgefasst als einen von W nach E gerichteten Strom, der aber nicht mit derselben Schnelligkeit in dieser Richtung sich bewegt wie die darunter befindliche feste Erde. In Folge dessen tritt er für einen gegebenen, in der Strombahn liegenden festen Punkt der Erde, als ein von Osten nach Westen gerichteter Strom auf. Die Stärke des Stromes ergiebt sich aus der Differenz zwischen Schnelligkeit der Erddrehung und Schnelligkeit der Bewegung der Luft.

Wenn also die von West nach Ost gehende Bewegung aus der Erddrehung für einen Punkt des Aequators $= 464$ m in der Secunde ist, und die Luft hat nur eine Eigenbewegung von 463 m, so strömt die Luft wahrnehmbar mit einer Schnelligkeit von 1 m pro Secunde, also von 3,6 km in der Stunde von Ost nach West. Die Bewegung von 463 m in der Secunde bleibt latent, nur die gegen die Schnelligkeit der Umdrehung fehlende Strecke tritt in die Erscheinung, wird wahrnehmbar.

Gesetzt, an irgend einer Stelle würde eine Beschleunigung des Stromes in der Richtung von West nach Ost herbeigeführt, so würde die wahrnehmbare Wirkung davon sein, dass der Strom von Ost nach West sich verlangsamt, und endlich zum Stillstand kommt, sobald die Luft sich ebenfalls mit 464 m pro Secunde in der Richtung von West nach Ost bewegt. Wächst dann die Schnelligkeit noch weiter in der Richtung von West nach Ost, so tritt der Strom als ein von Westen kommender auch thatsächlich in die Erscheinung. Wenn also die Bewegung 465 m pro Secunde ist, so bewegt sich die Luft in Richtung von West mit 1 m pro Secunde in wahrnehmbarer Weise.

Es ist also derselbe Strom, dieselbe Bewegungsrichtung je nach ihrer Schnelligkeit gegenüber derjenigen, mit welcher die Erde sich dreht, bald als ein Weststrom, bald als ein Oststrom wahrnehmbar, Ost- und Weststrom sind nicht gegensätzliche Strömungen.

Es gilt das gleichmässig für Wasser wie für Luft.

Wenn ein von West nach Ost gehender Strom — Wasser oder Luft — eine bestimmte Schnelligkeit gewonnen hat, so wird er wegen der Verschiedenheit in der Schnelligkeit der Erddrehung unter den verschiedenen Breiten verschiedene wahrnehmbare Schnelligkeit und Richtung haben. Gesetzt, der Strom habe 457 m in der Secunde, so würde er unter dem Aequator mit 7 m pro Secunde als von Osten kommend gespürt werden, unter dem 10.° würde er mit der Erde mitgehen, es würde also keine wahrnehmbare Bewegung eintreten und unter dem 15.° würde derselbe Strom als Weststrom mit 9 m Schnelligkeit pro Secunde empfunden.

Nach diesen Darlegungen haben wir also die Winde folgendermaassen aufzufassen:

a) Westwind ist ein solcher, der sich in der Richtung von West nach Ost schneller bewegt, als ein darunter liegender fester Punkt der Erde.

b) Ostwind ist ein solcher, der sich in Richtung von West nach Ost langsamer bewegt, als ein darunter liegender fester Punkt der Erde.

c) Windstille tritt ein, wenn ein Weststrom sich mit der gleichen Schnelligkeit bewegt, wie ein darunter liegender Punkt der Erde.

d) Reiner Nordwind bedingt auf der nördlichen Halbkugel einen nach West sich bewegenden Luftstrom, der an Schnelligkeit zunimmt, der dabei aber seine Strombahn entsprechend der Schnelligkeitszunahme von Norden nach Süden verlegt.

Haben wir z. B. 448 m Schnelligkeit des Weststromes, so würde unter dem 15.° Windstille herrschen. Verlegt nun der Strom seine Bahn nach dem 10.° und soll dabei reiner Nordwind für uns wahrnehmbar sein, so muss der Weststrom seine Schnelligkeit von 448 m auf 457 m erhöhen.

Je nach der Schnelligkeit, mit der die Verlegung des Weststromes eintritt, wird die Stärke des Nordwindes bemessen.

e) Verlegt sich der Weststrom nach Süden und nimmt nicht in der vorhin gedachten Art an Schnelligkeit zu, so wird die wahrnehmbare Windrichtung eine andere.

Verstärkt der W e s t strom sich mehr als vorhin angenommen ist, so wird die westliche Richtung auch wahrnehmbar; je nach dem Maass der Verstärkung tritt N N W, N W, W N W auf.

Haben wir z. B., vom 15.⁰ n. Breite ausgehend, eine Verlegung von Norden nach Süden um 1⁰, so muss die Schnelligkeit des Weststromes um mehr als 2 m in der Secunde zugenommen haben, wenn die westliche Richtung ebenfalls hervortreten soll. Bewegt sich die Westströmung so stark vorwärts, dass sie in der gleichen Zeit, wo ein Lufttheilchen um 1⁰ nach S verschoben wird, das Lufttheilchen ebenfalls um 1 Breitengrad nach W vorrückt, so haben wir N W wind; blieb sie soviel zurück nach Osten, so tritt dagegen die Windbewegung als N E auf.

Es sind demnach alle Nordwinde soweit in ihrem Wesen verwandt, dass für die wahrnehmbare Windrichtung lediglich massgebend ist das Verhältniss zwischen Schnelligkeit, mit der die Stromverlegung von Norden nach Süden sich vollzieht und die Verstärkung oder Abnahme der Schnelligkeit im Weststrom eintritt.

f) Reiner Südwind bedingt auf der nördlichen Halbkugel einen Weststrom, der an Schnelligkeit abnimmt, der dabei aber seine Strombahn entsprechend der Verlangsamung nach Norden verlegt.

Haben wir z. B. 448 m an Schnelligkeit des Weststromes, so würde unter dem 15.⁰ Windstille herrschen. Verlegt nun der Strom seine Bahn in einer Stunde um einen Grad nach Norden, so muss in dieser Zeit der Weststrom sich in seiner Schnelligkeit um 2 m pro Secunde verringern, wenn die Verlegung als reiner Süd gespürt werden soll. Hält die Verlegung nach Norden weiterhin an mit derselben Schnelligkeit und währt noch 4 Stunden, so dass der Strom nun unter dem 20.⁰ fliesst, so hat er im Ganzen noch um 10 m pro Secunde bis dahin abzunehmen.

g) Verlegt sich der Weststrom nach Norden und nimmt nicht

in der vorhin gedachten Art an Schnelligkeit ab, so kann die wahrnehmbare Windrichtung nicht mehr reiner Süd bleiben.

Verstärkt er sich mehr als eben angenommen, so wird je nach dem Maasse der Verstärkung bei gleichbleibender Schnelligkeit der Stromverlegung SSW, SW, WSW hervortreten.

Nimmt die Schnelligkeit des Weststromes mehr ab, als vorhin angenommen, so wird je nach dem Maasse der Abnahme SSE, SE, ESE das Ergebniss sein.

Es sind also auch alle Südwinde in ihrem Wesen soweit verwandt, dass für die wahrnehmbare Windrichtung lediglich massgebend ist das Verhältniss zwischen Schnelligkeit der Stromverlegung von Süden nach Norden und Verstärkung und Abnahme der Schnelligkeit im Weststrom.

h) Es sind hiernach alle Winde insofern verwandt, als die Grundlage der Bewegungserscheinungen in dem Weststrom gegeben ist, Ost- und Westwind sind thatsächlich keine entgegengesetzten Richtungen, sondern erscheinen nur als solche dem auf bestimmten Punkt der Erde stehenden Beobachter.

Wirkliche Gegensätze liegen nur in den Windrichtungen S und N.

Hieraus erklärt sich das sonst fast unverständliche, leichte Umspringen des Windes namentlich von den östlichen zu den westlichen Richtungen.

Die Hamburger Seewarte las an ihrem Registrirapparate am 1. Januar 1896 ab um

	11 Uhr	N N W
von Mittag bis 8 „	Abends	N
um 9 „		N N E
„ 10 „		N E
2. Januar von 11 bis 1 Uhr	Nachts	N N E
„ 2 „ 3 „	„	N E
um 4 Uhr		N N E
„ 5 „		E N E
„ 6 „		E S E
„ 7 „		S
von 9 und 10 Uhr		S S W
um 11 Uhr		S W

<pre>
                von Mittag bis 6 Uhr SSW
                  „   7   „ 10 „   S
                  „ 11   „
   3. Januar   2 „   SSE
                  „   3   „   4 „   S
                  „   5   „   7 „   SW.
</pre>

Kein Monat vergeht, der nicht ähnliche handgreifliche Bei-
spiele bringt.*)

Ein und derselbe Wind kann nun — und das ist weiterhin sehr
zu beachten — bei gegebenen Hindernissen im Gelände sehr verschiedene Richtungen einnehmen, zugleich aber auch, wenn er Kraft genug
besitzt, im Windschatten besondere Strömungen hervorrufen, die als
Begleitströme entweder in derselben Richtung, aber meist schwächer
mitgehen, oft aber auch ganz andere Wege einschlagen, als er selbst.

Verfasser hat dieses Spiel der Winde Jahre lang beobachtet und
hat an seinen verschiedenen Wohnstätten eine so grosse Gesetzmässig-
keit der gleichen Wirkungen aus gleichen Ursachen gefunden, dabei
so oft draussen im Walde und im freien Gelände in grösserem Maassstabe dieselben Erscheinungen wiedergefunden, dass für ihn auch die
letzten Zweifel allmählich verschwanden an dem gesetzlichen Zusammen-
hange. Von diesen Beobachtungen sei hier Folgendes mitgetheilt:

Wenn Sturm herrscht, so bläst er in der Regel von einer bestimmten vertikalen Höhe an in ziemlich horizontaler Richtung ohne
durch die Unebenheiten im Gelände nennenswerth abgelenkt zu

------

*) Der Winter 1896 hat in Münden das Umspringen des Windes aus
westlichen in östliche Richtungen ohne jede Vermittelung an manchen
Tagen mehrmals gezeigt. Da die Temperatur sehr oft um 0^0 lag, die Luft
mit Wasserdampf gesättigt war, so schoss oft bei rückläufiger Strömung,
also Ostwind, Rauhreif an der über dem Weserursprung liegenden Wald-
ecke an. Ein Zug Westwind nahm ihn wieder fort. Das unvermittelte
Umsetzen des Windes kann natürlich an einer Wetterfahne nicht beobachtet werden. Diese muss sich stets über N oder S von West nach
Osten drehen. Hier hilft bis jetzt nur unausgesetzte Naturbeobachtung,
um zur Erkenntniss der Dinge zu gelangen.

werden. Die Höhe, von der aus das geschieht, liegt mitunter nur wenige Meter über dem höchsten Geländehinderniss.

Ich will diesen Strom den Deckelstrom nennen, weil er gleichsam den darunter liegenden Luftraum abschliesst, allerdings nur so, dass er ihm, dem Deckelstrom, nun völlig unterthan wird.

Der Deckelstrom ruft an seiner Grenze in dem unterliegenden Gebiete Begleitströme hervor, welche die Luft aus dem unteren Raume entführen; dadurch werden dort Luftverdünnungen hervorgerufen, die nun, je nach den obwaltenden Verhältnissen, also auf verschiedenste Weise, ihren Ausgleich finden.

An einem völlig freistehenden Hause, was genau nach den Himmelsrichtungen orientirt ist, entsteht z. B. auf der Ostseite bei W-Sturm eine Luftverdünnung, die bald von rechts und links her im Wirbel die Luft hineinzieht, bald aber auch Umkehrströme, entweder seitlich oder von oben her hervorruft. Es tritt also dann im Gefolge des Hauptstromes ein directer Gegenstrom auf.

Ausnahmsweise stürzt die Luft stossweise von oben in Richtung des Deckelstromes herab.

Hat der Wind ein schräg aufsteigendes Dach zu überschreiten, so werden die Luftströme gegen das Hinderniss gepresst und stark verdichtet, der Deckelstrom drückt von oben und so muss die Luft wie durch einen Blasebalg getrieben, die Dachfirst passiren und thut das in einem oft colossal gesteigerten Tempo.*) Wenige Schritte davon, ein merkwürdig scharfer Beweis dafür, wie sehr die Elasticität der Luft in Anrechnung zu bringen ist, können bereits wieder so wesentlich andere Kräfte wirken, dass dort die Luft ganz langsam, auch wohl nach anderer Richtung fliesst.

Liegt das Dach unter dem Einfluss eines höheren Hauses, so treten wieder andere Erscheinungen auf.

An der hiesigen Forstakademie trat bei schafem Weststurm vor der Ostseite ein heftiger Strom auf, der das Dach des dort vorliegenden kleinen Flügelbaues aus Süd überschritt. Dieser Strom hatte,

---

*) Die Wirkungen des Deckelstromes sind für die Windstärken, welche jetzt von der neu errichteten Brockenstation gemessen werden, sehr zu beachten.

sobald er aus dem luftverdünnten Raume der Ostseite des Hauptbaues heraus war, alle Kraft verloren. Die Nordseite, auf die er dann umbog, hatte zum Theil, nämlich bis zu einem Vorbau, Ostwind, und der Schnee trieb in leisem Zuge aus Ost an den Fenstern vorüber, während 10 m davon wieder der Weststurm raste.

An denjenigen Seiten eines Hauses, die mit der Windrichtung liegen, erfährt der Wind durch Pressung eine Beschleunigung, ebenso wie es der Fall ist, wenn zwei Häuser zwischen sich eine Lücke lassen.

Aus all diesen Einzelbeobachtungen, die ja jeder bei jedem Sturm hundertfältig bestätigt finden und erweitern kann, ist eins als das Gesetzmässige und immer Wiederkehrende hervorzuheben:

Der Sturm selbst kann Depressionen und in beschränkterer Weise auch Maxima hervorrufen.

Weitergehend dürfen wir dann aber den Schluss ziehen: Es sind keineswegs alle Stürme von Depressionen abzuleiten, vielmehr ist oft die Depression aus dem Sturm herzuleiten und wenn man ihr Wesen, ihre Zugstrasse und Anderes kennt, kann man manchen Schluss auf das Wesen des Sturmes ziehen.

Das Gleiche gilt vom Maximum. Es bläst auch keineswegs aus dem Maximum nach allen Seiten heraus, sondern nach der Richtung, wo die Hindernisse am geringsten sind. Je schmaler die Pforte des Austritts, um so stärker tritt der entweichende Luftstrom auf.

Es bläst aber auch einmal in das Maximum hinein ebenso gut, wie es einmal aus dem Minimum heraus bläst.

Ja, Maxima und Minima werden in und mit dem Hauptstrome verschoben, sobald ihm die erforderliche innere Kraft dazu geworden ist.

Endlich soll man aus dem Spiel der Winde bei Sturm noch eins entnehmen: Die registrirten Windrichtungen sind nicht gleichwerthig. Bei Sturm kann eine Abweichung von der Hauptrichtung gerade den Beweis für das Vorhandensein dieser Hauptrichtung abgeben, jedenfalls muss man Vorsicht üben, wenn man die Meldungen über Windrichtung, wie sie heut eingehen, für den Entwurf von Curven nach dem barischen Windgesetz benutzen will.

Bei den Wetterkarten spielt z. B. Cap Skagen und Oxö eine ganz besondere Rolle.

An dem heftigen Windtage, 2. Februar 1894, hat Skagen WSW bei Windstärke 3, während das gegenüberliegende Oxö SSE und Windstärke 4 hat.

Am	3. Februar	Skagen	WNW	2	Oxö	SW	6
	4.	„	„	NW	3	„	WSW	4
	5.	„	„	WNW	2	„	W	6
	6.	„	„	W	2	„	SSW	6
	7.	„	„	W	5	„	WSW	6
	8.	„	„	WNN	5	„	WSW	8
	9.	„	„	W	5	„	WSW	9
	10.	„	„	W	4	„	WSW	9
	11.	„	„	WNW	5	„	WSW	4
	12.	„	fehlt Nachricht					

Summa 36   62

Im Durchschnitt hat in Skagen der Westwind Neigung nach N umzubiegen, in Oxö hingegen nach Süden, die Windstärken sind durchschnittlich 3,6 in Skagen und 6,2 in Oxö.

Im Ganzen genommen zeigt Oxö weit mehr den Wind-Charakter der Periode als Skagen. Windrichtung und Stärke in Skagen sind daher für die Beurtheilung der allgemeinen Wetterlage von geringerem Werthe, als die in Oxö.

———

7. Der Einfluss der Windströmung auf den Luftdruck.

In den nautischen Notizen zum Perthes'schen Seeatlas ist unter 37 mitgetheilt, dass man beim Durchsegeln beider Passate erst ein langsames allmähliches Fallen des Barometers bis zur Zwischenzone beider Passate beobachtet und in dem anderen Passat wieder ein langsames allmähliches Steigen des Barometers. Der Stand des Barometers in der Zwischenzone, die immer in der Nähe des Aequators liegt, ist so gleichmässig, dass man hier jederzeit den Fehler eines Barometers an Bord bestimmen kann, da der mittlere Stand als bekannt angenommen werden darf. — Da die Passate dieser Zwischenzone stetig Luft zuführen, so muss hier Ab- und Zustrom aufs Genaueste ausgeglichen sein. Der Zustrom vertheilt sich auf eine lange Bahn, der Abstrom liegt überall an den Ostseiten des Festlandes und drängt sich in eine Bahn von verhältnissmässig geringer Breite zusammen, wahrscheinlich so, wie sie Fig. 21 auf Taf. III für den nördlichen atlantischen Ocean zeigt.

Die innere bewegende Kraft dieses Abstromes ist so gross, dass sie die entgegenstehenden höheren Barometerstände überwindet, die Luftmassen dort in Bewegung setzt und nach Norden vorwärts schiebt.

Ist aber nicht auch die Auffassung möglich, dass der Abstrom selbst die hohen Barometerstände erzeugt? Solche Auffassung unterstützt die Erwägung, dass das Eindringen des Abstromes in die nördlich belegenen Luftmassen nicht blos einen Druck in Richtung des Abstromes, sondern auch seitlich ausübt. Dazu kommt noch, dass der Abstrom relativ breiter wird in seinem Vordringen nach Norden, denn die Parallelkreise verkürzen sich. Hatte er z. B. unter dem Aequator die Ausdehnung von 150 Meilen, also 10 Längengraden, so nimmt er unter dem Wendekreise mehr als 10° ein. Er wird also in höheren Breiten auch einen wachsenden seitlichen Druck ausüben, und da die elastische Luft diesem Folge giebt, so wachsen die Barometerstände. In Folge dessen treten nun in den Passaten Rückströmungen nach dem Gebiete des Aequators ein, wo der Abstrom einen niedrigeren Druck hinterliess.

Denken wir uns an den Anfang des Vorganges, so ist überall gleicher Barometerstand unter den Tropen und Ostwind. Der Oststrom wird nun abgelenkt und muss in die Luftmassen nördlich und südlich sich eindrängen. Durch die Bewegung lässt er hinter sich niedrigeren Luftdruck, vor sich und seitlich verursacht er erhöhten Druck. Das ist im Wesentlichen die Druckvertheilung, die wir thatsächlich finden, nur die Erhöhung des Druckes vorwärts des Stromes fehlt oft, und zwar aus Gründen, die wir später kennen lernen werden.

Sehen wir uns nun weiter die Karte an, so finden wir, dass die in dem Abstrom ruhende Eigenbewegung von West nach Ost unter dem 40.° n. Br. derartig zum Ausdruck kommt, dass der Wind theils rein westlich, theils W.S.W. bläst, und wir haben gesehen, dass vor der iberischen Halbinsel der Luftstrom nach S. umgekehrt zum Ausgleich der vom Aequator abgeströmten Massen (Fig. 10 auf Taf. I).

Es ist jedoch nicht der volle Strom, der diese Umkehr vollzieht, sondern es zweigt etwa beim 45.° n. Br. und 30.° w. L. ein Strom ab, der aus SW blasend, von da seinen Weg in die arktischen Regionen nimmt.

Sein Weg ist gekennzeichnet dadurch, dass er auf seiner westlichen Grenze niedrigste Barometerstände hat. Sie sind wohl eine Folge davon, dass der Luftgolfstrom in seiner Bahn bedeutend rascher fliesst, als die Luft westlich. Dadurch wird vom westlichen Rande her die Luft durch Begleitströme mitgerissen. Die entführte Luft findet aber nicht so rasch Ersatz von Westen her, wie sie fortgeführt wird.

Aus diesem Grunde sehen wir diese Minima an der Westgrenze sich mit der Stärke des Hauptstromes vertiefen und abnehmen, wenn die Stärke nachlässt.

Wenn man diese Begleitminima bisher als Wetterregenten und Sturmerreger angesehen hat, so ist die Ursache und Wirkung verwechselt worden. Der Hauptstrom ist die Ursache, die Depression die Wirkung. Für die Beurtheilung der Wetterlage behalten sie übrigens Werth, wenn wir sie auch nur als Wirkung hinstellen können.

Wenn die Begleitminima nur auf der Westseite des Hauptstromes auftreten, so liegt diese Erscheinung darin, dass der südwestliche Hauptstrom stets die Neigung hat, nach rechts die Bahn zu verlegen, also sich in Westwind umzusetzen. Thatsächlich ergiesst er sich auch bald in schmaleren, bald in breiteren Strömen in das Gebiet östlich. Dadurch wird die Möglichkeit eines Minimums östlich des Hauptstromes seltener gegeben.

Ferner hat der Strom östlich Landmassen, westlich hauptsächlich Wasser; seinem Lauf stellen sich also östlich weit mehr Hindernisse in den Weg als westlich. Diese Hindernisse verlangsamen den Lauf des Stromes, und wenn nun der Zustrom anhält, so muss die Luft aufstauen, der Druck sich steigern.

Auch der Umstand spricht vielleicht mit, dass wegen der Ablenkung des Stromes nach rechts die westlichen Luftströme den grösseren, die östlichen den kleineren Kreis zu beschreiben haben, diese werden daher eher zusammengedrückt, jedenfalls aber weniger auseinandergezogen, als die auf der Aussenseite laufenden westlichen.

Endlich kommt in Betracht, dass die aus den arktischen Regionen über Asien und Europa wehenden Rückkehrströme in dem durch den Luftgolfstrom im Westen und die Gebirgsmassen im Osten und Süden abgegrenzten Raume wie durch einen Sack aufgefangen werden, daher nur langsam nach Süden vorwärts dringen und dadurch die Bildung von Depressionen verhindern.

Verfolgen wir die Barometerstände auf einem Breitengrade, so ergiebt sich, dass, wenn wir von der Begleitdepression des Hauptstromes absehen, östlich und ¡westlich von dem Bett des Hauptstromes die Barometerstände ansteigen.

Es ist das namentlich im Januar ausgeprägt.

Januar:

Polarkreis: Bett ca. 750; am 20.° östl. L. = 755
am 60.°   „   „ = 760
am 90.°   „   „ = 765
am 120.°   „   „ = 770.

Westlich vom Bett am   20.° westl. L. weniger als 750,

am 50.°   „   „ = 754

am 70.°   „   „ = 756

am 90.°   „   „ = 760.

50.° nördl. Breite:

Bett 755 östlich davon bei ca.   2° östl. L. = 760,

westlich davon bei ca. 70° westl. L. = 760.

Juli:

40° nördl. Breite, Bett weniger als 765, östl. 765 und mehr, westlich Herabgehen bis 760, dann Anstieg bis 765.

Der Strom fliegt also, wenn man mittlere Barometerstände nimmt, in einer Rinne vertieften Druckes. Nun ist aber der mittlere Barometerstand kaum einmal zutreffend, vielmehr kommen die grössten Schwankungen dagegen vor und es wird das Bild täglich gewechselt.

Der Ursache dieser Schwankungen wollen wir versuchen näher zu kommen.

Die Umkehr der äquatorialen Strömung ist keine freiwillige, sondern eine erzwungene. Indem die Land- und Gebirgsmassen Brasiliens einen Theil der Luft nach N abdrängen, bewirken sie zuerst eine Abschwächung der für den Beobachter wahrnehmbaren Bewegung von E nach W, so dass die reine Südströmung (die Abdrängung nach Norden) zum Vorschein kommt. Im weiteren Verlauf tritt dann die Richtung von Westen nach Osten hervor; der Wind dreht also im Verlauf der Abdrängung von ESE nach S, von da SSW zu SW.

Das Gebiet, in dem der Uebergang sich vollzieht, wo also die Luft in der Hauptsache von S nach N sich bewegt, unterliegt nun Verhältnissen, welche die Bewegung von S nach N bald verstärken, bald schwächen und demgemäss auf die Bahn einwirken, welche der Luftgolfstrom nimmt (Fig. 21 auf Taf. II).

Das Gebiet, in dem der Luftgolfstrom die Umkehr vollzieht, ist eins der Grenzgebiete zwischen Land und Meer, wo also die Ausgleichskreisläufe bei eintretender verschiedener Erwärmung bald Seewinde, in diesem Falle Südwinde, bald Landwinde, in diesem Falle Nordwinde hervorrufen. Es ist klar, dass je nach dem Einsetzen des einen oder anderen Windes die Richtung SN im Luftgolfstrome verstärkt oder geschwächt wird. Der Strom kann und wird also nicht immer dieselbe Bahn einhalten, sondern er verlegt sie fortwährend. Bei energischen Aenderungen in den Impulsen der Richtung von S nach N muss die Verlegung der Strombahn ebenfalls eine bedeutende sein, während sie bei kleinen Aenderungen der Impulse geringfügiger ist.

Wie wirkt nun die Verlegung der Strombahn auf den Luftdruck?

Bezeichnet in Fig. 22 auf Taf. III die Linie ABCD die Strombahn, so wird bei dem Punkte C die Bewegungsrichtung nach W bereits so weit zum Ausdruck gelangt sein, dass die Luft von hier aus im Abstrom nach D bleibt, selbst wenn bei C eine Depression eintreten sollte.

Wirken nun die Impulse auf den Punkt der Bahn B in veränderter Weise, so wird auch der Weg ein anderer. Wird die Wendung nach Norden z. B. durch Winde von Südamerika her beschleunigt, so geht der Strom über E nach F. Ziehen in Folge Erhitzung des Festlandes Seewinde im nördlichen Theile des caraibischen Meeres den Strom auf den Weg über das Festland von Nordamerika, etwa über New-Orleans, so verlegt sich die Bahn über G nach H.

Der Strom macht also nicht die Curve ABCD wie zuerst.

Der Erfolg einer Stromverlegung ist, dass von C auf dem Wege nach D die Luft weiter abströmt, ohne dass sie Ersatz von B her erhält. Es muss also bei C eine Depression entstehen, die eine mächtige Tiefe erlangt, wenn die geschilderten Verhältnisse lange andauern.

Nimmt der Strom dann die alte Bahn wieder auf, so wandert das Minimum in der Zugstrasse des Luftgolfstromes weiter und oft bis in das europäische Gebiet hinein.

Es machen sich aber nicht nur die längere Zeit wirksamen Verlegungen der Bahn im Luftdruck bemerkbar, sondern überhaupt jede Verlegung und da solche, jenachdem Land- oder Seewinde in Folge der ungleichen Erwärmung des Landes und Meeres entstehen, erfolgen müssen, also sowohl in täglichen Perioden, wie auch im Wechsel der Jahreszeiten, so erklärt sich allein hieraus das viele Schwanken des Barometers im Gebiet des Luftgolfstromes.

Im grossen Ocean werden auf der nördlichen Halbkugel aus den Stromverlegungen im Umkehrgebiet ebenso lebhafte Schwankungen des Barometers wie im atlantischen hervorgerufen und ebenso liegen in den auf der südlichen Halbkugel sich abspielenden Kreisläufen die Hauptquellen der Depressionen unter den Breiten, in denen die Umkehr sich vollzieht.

Eine weitere Quelle der Depression liegt in dem Umstande, dass die Windstärke des äquatorialen Abstromes ungleich ist. Wenn eine gleiche Höhe des Luftdruckes in der Strombahn herrschen soll, so muss Ab- und Zustrom sich das Gleichgewicht halten. Sobald ein Theil des Stromes eine andere Bewegung annimmt, muss auch der Luftdruck ungleich werden. Ist die Bewegung in einem Theile des Stromes zu rasch, so muss vorwärts ein Steigen, rückwärts ein Fallen des Barometers eintreten, während umgekehrt, wenn die Bewegung zu langsam ist, vorwärts ein Fallen, rückwärts ein Steigen eintritt.

Ist in Fig. 23 auf Taf. III der Strom ABC in gleichmässiger Bewegung, so bleibt der Druck in seinem Gebiete gleich, ist hingegen das Stück B in rascherer Bewegung als A und C, so muss bei d der Druck steigen, bei e fallen. Ist endlich das Stück B in langsamerer Bewegung als A und C, so muss bei d der Druck sinken, bei e steigen. Da, wo die Ströme in Folge ihrer verschiedenen Bewegung gleichsam in einanderfahren, muss die Luft aufstauen, der Druck sich erhöhen, wo sie sich auseinanderziehen, vermindert sich der Druck.

Die meteorologischen Aufzeichnungen belehren uns dann, dass auch für den Fall ein lebhaftes Sinken des Druckes eintritt, wenn divergirende Windströme von nennenswerther Bewegung ein Gebiet umschliessen.

Jeder stärkere Luftstrom ruft eben Begleitströme hervor, und indem durch diese die Luft entführt wird, fällt in dem so ausgeblasenen Gebiet der Luftdruck.

Wie rasch hier Ursache und Wirkung auf einander folgen kann, ergeben die Karten vom 6. und 7. Februar 1894 (Fig. 24 u. 28 auf Taf. III).

Am 6. Februar liegt in Deutschland ein Hoch von 771—73 mm, auch der Druck über dem Kanal und in Nordfrankreich ist hoch. Vor diesem hohen Druck weicht der bis dahin herrschende starke W. Windstrom nördlich aus. Jenseits des Hochdrucks im Osten dauert der Abstrom nach Osten an, während im Süden ein Ableitungsstrom nach Süden auftritt.

Am 7. Februar ist das Barometer in Deutschland um 13 mm im Durchschnitt gesunken und das Hoch damit vollständig verschwunden, die Wetterlage völlig verändert.

Am 7. Februar bläst nämlich geradlinig ein Sturm durch das Gebiet des hohen Luftdruckes vom 6. Februar. Die Verlegung der Sturmbahn nach südlicherem Gebiet hat den Druck nördlich Schottlands von 740 auf 725 fallen lassen.*)

Weitere Minima entstehen, wenn Ströme, nebeneinander blasend, ungleiche Stärke haben. Der stärkere Strom reisst stets auf der Grenze die Luft des schwächeren Stromes mit und entführt sie. Wesentlich verstärkt treten diese Minima hervor, wenn die Ströme übereinander lagern und der obere der stärker bewegte ist und am meisten vertiefen sie sich, wenn eine Combination der ungleichen Strömungen in der Tiefe und des Deckelstromes eintritt.

Die Belege hierfür kann man fast bei jedem Schneesturm an den Bewegungen der Schneeflocken sehen, in dem Augenblicke nämlich, wo die erzeugten Depressionen ihren Ausgleich erzwingen.

Eine Reihe weiterer Depressionen können ebenfalls nur bei Vorhandensein eines starken Hauptstromes entstehen, sie sind aber nicht nur von diesem abzuleiten, sondern auch aus der Bodenausformung, und wir finden hier im grösseren Maassstabe dieselben Erscheinungen wieder, die wir im Kleinen an jedem Hinderniss und namentlich deutlich bei einem Schneesturm beobachten können.

Wenn irgend ein Hinderniss in einer Luftstrombahn liegt, so wird der Strom der Luft dadurch wesentlich geändert, insofern nämlich,

---

*) Man kann daraus ersehen, dass das Minimum 740 vom 6. Februar nicht etwa den Strom gebogen hat; wäre es der Fall, so könnte bei Vertiefung auf 725 die Biegung nicht wieder verloren gehen.

als zunächst die Luft vor dem Hinderniss gegen dasselbe gepresst wird. Die Pressung ruft dann oben und an den Seiten beschleunigte Bewegung hervor. Hinter dem Hinderniss liegt die Luft im Windschatten. Dieser wird umgrenzt von den starken durch die Pressung hervorgerufenen seitlichen Luftströmen und von den Deckelströmen. Alle diese Ströme rufen ihrerseits Begleitströme hervor, die der Natur der Sache nach die Luft aus der Windschattenstelle entführen. ´Dadurch muss allmählich dort ein luftverdünnter Raum entstehen, also eine Depression, deren Tiefe abhängig ist von der Stärke und Andauer der sie verursachenden Ströme. Die Depression kann sich soweit vertiefen, dass sie aspirirende Kraft erhält, die stärker ist, als die Kraft der vorüberblasenden Ströme und dann ruft sie selbstständig eine Ausgleichsströmung hervor. Erlangt sie diese Kraft nicht, so verschwindet sie allmählich mit dem Nachlassen der Ursache.

Sind zwei Gelände-Hindernisse vorhanden, die zwischen sich eine in der Windbahn liegende Lücke lassen, wie es z. B. in Gebirgssätteln der Fall ist, so entsteht in der Lücke*) ein besonders beschleunigter Luftstrom, dem in den Windschattenstellen rechts und links zur Seite Depressionen sich lagern. Sie werden hervorgerufen durch die Begleitströme, welche der starke Hauptstrom veranlasst.

Depressionen dieser Art verändern ihren Ort nur minimal, weil ihre Entstehungsursache den Ort nicht verändern kann.

Nun muss jeder Hügel, jeder Berg, jedes Gebirge je nach Form verwandte Wirkungen hervorbringen, und zwar um so energischer, je höher und je breiter das Hinderniss in dem Luftstrom liegt, von ihm aber noch überwunden wird. Sind die Gebirge so, dass sie für die Windströme i. d. R. nicht überstiegen werden, so werden sie Klima- und Wettergrenzen. Als solche sehen wir in Europa in ausgesprochener Weise auftreten die Pyrenäen, die Alpen und die Karpathen. Liegen die Verhältnisse einmal so, dass diese Gebirge von

---

*) Häufig werden in den höheren Gebirgslagen an solcher Stelle Baumfiguren gefunden, die man am treffendsten als Wetterfahnen bezeichnet; sie haben nämlich gegen den herrschenden Wind wenig oder gar keine Aeste, sondern nur in der Richtung mit dem Winde, auch sind die Kronen ganz schmal.

den Windströmen überschritten werden, dann erhalten sie, wie es vom Föhn bereits erforscht ist, einen ganz besonderen Charakter.

Gebirge lassen aber noch eine Reihe von Complicationen zu, von denen als die gewöhnlichste die durch die Thalzüge hervorgerufene anzusehen ist.

Klar ist, dass in einem Thale, welches sich gegen den Wind hin öffnet, sich nicht eine Depression bilden kann. Durch die Luftpressung können sich hingegen sehr wohl besonders starke Luftströme entwickeln.

Liegt ein Thalzug rechtwinklig zur Windbahn, so bläst der Hauptstrom über das Thal als Deckelstrom fort und seitlich an seiner Oeffnung vorbei. Dadurch werden Begleitströme erzeugt und langsam verdünnt sich die Luft in dem Thal. Sie verdünnt sich soweit, bis die Depression ihre Aspirationskraft gegenüber der Stärke des Windes zur Aeusserung bringen kann.

Die Ausgleichung geschieht theils durch Ablenkung von oben, theils durch solche vom Eingang des Thales her.

Diese Vorgänge lassen sich am besten beobachten auf einem Gebirgsplateau mit tief eingeschnittenen Thälern wie es z. B. auf der Höhe des Schwarzwaldes der Fall ist. Sie lassen sich gut beobachten, wenn überall leichte Nebelwolken an den Hängen des Gebirges und in den Thälern sich bilden. Die Nebelschleier steigen langsam mitunter in deutlichen Spiralen aus der Tiefe zur Höhe des Gebirges; sobald sie diese bis zu einem bestimmten Punkte erreicht haben, werden sie in raschem Fluge mit dem Hauptwindstrom fortgetrieben. Lässt der Wind nach, so senken sie sich oder bleiben an den Wänden hängen, weil nun die Aspirationskraft der entstandenen Depression ausgleichend wirkt. Bleibt der Wind in gleicher Stärke bestehen, so wird die Aufwärtsbewegung doch von Zeit zu Zeit unterbrochen, die Nebel senken sich wieder, ein Spiel, was durch die bald wachsende bald abschwächende Aspirationskraft der Depression hervorgerufen wird. Auch Luftströme, die thalaufwärts wehen, werden bemerkbar.

Liegt ein Thalzug endlich so, dass er mit dem Windstrom verläuft, aber jenseits der Wasserscheide beginnt, so werden die Erscheinungen verschieden, je nach dem Gefälle des Thalbodens. Je geringer es ist, um so geringer ist die Depression, die sich entwickeln kann. Der über den Berg kommende Luftstrom senkt sich in die Thalsohle hinein und da er beim Uebertritt über den Gebirgskamm Pressung erfuhr, dehnt er sich nun aus.

Das Thal liegt im Windschatten, der Hauptstrom bläst darüber als Deckelstrom hinfort in Richtung der Thalöffnung und erzeugt milde wehende Begleitströme in gleicher Richtung. Die Luftverdünnung wird fast im Entstehen durch die über den Berg strömende gepresste Luft ausgeglichen.

Anders liegt die Sache, wenn das Thal sehr steiles Gefälle hat, oder gar mit einem Felsabsturz beginnt. Dann nehmen die Begleitströme bei weitem mehr Luft fort, als über den Berg als Ersatz kommt, und wenn fortgesetzt die gleiche Ursache wirkt, so kann in dem Thal eine Depression von gewaltiger Tiefe entstehen, in welche sich unter Umständen der über den Berg kommende Windstrom herabstürzen kann, wie das Wasser über eine im Strome liegende Terrainstufe. Das sind die Ueberfallstürme, deren Spuren die Forstleute in ihren Wäldern leider häufig genug finden.

Ganz besonders sei dann noch der Depression gedacht, die verwandt der letzteren, sich da einstellt, wo eine Hochebene steil abfallend vor sich weit geöffnetes ebenes Gelände oder Wasserflächen hat. Bedingung ist, dass der Wind über die Hochebene kommt. Er ruft als Deckelstrom dann Begleitströme in dem unter Wind liegenden Gelände hervor, die bei Fortdauer der Ursachen und Wirkungen sehr starke Depressionen nach sich ziehen können.

Selten bietet sich die Gelegenheit, Depressionen von geringer Ausdehnung am Barometer festzustellen, hier tritt bis jetzt fast ausschliesslich die Beobachtung der Vorgänge draussen in ihre Rechte.

Die Bildung der Depressionen lässt sich dort fast immer durch die Art und durch den Weg festmachen, den die Ausgleichungsströme nehmen. Nicht so gut lassen sich die Bildungen der kleinen lokalen Maxima verfolgen. Die Depressionen lassen aber auf die Bildung der Maxima häufig einen Schluss zu.

Die im grossen Strom liegenden umfangreichen Maxima erklären sich, wie bereits erwähnt, sehr einfach dadurch, dass der nachrückende Strom schnelleren Lauf nimmt, als der voraufgehende Theil. Der schnellere fährt dabei, wie schon bemerkt, gleichsam auf den langsameren auf. Die Luftmassen beider stauen sich auf und bilden das Maximum. Wird dann durch den Vorgang die Kraft der nachschiebenden Ströme gemindert, die der vornliegenden, geschobenen gekräftigt, so kann das Maximum verschwinden oder sogar ein Minimum entstehen, wenn der vordere Strom in lebhafteren Fluss kommt, als der nachschiebende.

Ein erhöhter Luftdruck muss dann vor all den Hindernissen entstehen, die ihrerseits hinter sich ein Minimum hervorrufen.

Auch die starken Luftströme, die seitlich an einem Hindernisse auftreten, müssen, weil sie ja in Pressungen der Luft ihren Ursprung haben, eine Luftdruckerhöhung örtlich einschliessen.

Es sind hiernach folgende Depressionen zu unterscheiden:

Freie Depressionen

a) entstanden durch Stromverlegungen,

b)   „   „   Verschiedenheiten im Zu- und Abstrom.

Sie alle liegen in der Bahn des Hauptluftstromes.

Abhängige Depressionen, hervorgerufen durch die Begleitströme von mächtigeren Strömen:

1. bei Fehlen von Deckelströmen,

    a) in Folge einfacher Gabelungen des Hauptstromes,

    b) in Folge von verschiedener Bewegung bei Parallelströmen,.

2. bei Vorhandensein von Deckelströmen, also unter solchen

    a) bei Vorhandensein von einem unteren Parallelstrom oder mehreren solchen mit verschiedener Schnelligkeit,

    b) bei Vorhandensein eines Hindernisses im Gelände für den unteren Zustrom; dieser wird gegabelt bezw. abgelenkt und bläst seitlich von der Windschattenstelle,

    c) der Deckelstrom wirkt allein, der Zustrom unten ist durch Gebirge abgesperrt.

Das Verschwinden der Depressionen.

Die freien Depressionen erhalten ihren Ausgleich in verschiedener Weise und es ist daher erforderlich, sie einzeln zu behandeln.

Zu a): Ist die Strombahn zeitweise verlegt, so wird mit Rückkehr des Stromes in die alte Bahn die Ursache zur weiteren Vertiefung der Depression verschwunden sein. Sie selbst wird ausgefüllt durch geradlinige Winde, wenn der von jetzt an erfolgende Zustrom in rascherer Bewegung ist als der Abstrom.

Halten Ab- und Zustrom sich das Gleichgewicht, dann kann offenbar die Depression durch den Zustrom nicht verschwinden, sie wandert vielmehr in der Strasse des Hauptstromes mit diesem weiter. Sie vermag die Luftverdünnung dann nur auszugleichen, indem sie aus eigener Kraft durch Aspiration Seitenströme zu sich hineinzieht. Diese Ströme umkreisen dann den Kern des Minimums und erscheinen uns als drehende Winde.

Ist endlich der Zustrom langsamer als der Abstrom, dann wird das Minimum sich trotz der Rückkehr des Stromes noch weiter vertiefen, sobald die drehenden Winde nicht genug Luft heranführen. Es ist wahrscheinlich, dass sich mit der dann zunehmenden Aspiration die drehenden Winde verstärken.

Zu b): Ist die Depression hervorgerufen durch verschiedene Stärke des Ab- und Zustromes, so wird die Ausgleichung durch geradlinige Winde erfolgen, wenn sich der Zustrom in ein rascheres Tempo setzt. Er kann das leicht, weil er vor sich in fallenden Barometerständen offene Bahn hat. Auch kann sich der Abstrom schwächen und dadurch dem in gleicher Bewegung bleibenden Zustrom die Füllung der Lücke erleichtern.

Die Ausgleichung der freien Depressionen erfolgt also nicht nur, wie man heut fast allgemein annimmt, durch drehende Winde, sondern ebensogut durch geradlinige. Ja ich möchte behaupten, dass in unseren Breiten bei weitem die meisten Ausgleichungen geradlinige sind, und die drehenden viel seltener, meist nur nebenher und in geringem Umfange auftreten.

Bei den abhängigen Depressionen ist das Verschwinden vor allen Dingen an das Verschwinden der verursachenden Grössen geknüpft. Die Depressionen sind meist wenig umfangreich, so dass ihre Ausgleichung an und für sich keinen Schwierigkeiten unterliegt, diese treten vielmehr nur dann und deshalb hervor, weil die Ursachen bestehen bleiben.

Was will z. B. ein Minimum bei Norwegen an und für sich bedeuten, wenn es auch einen Kern von nur 725 mm Druck hat, aber umgeben ist von immer weiter werdenden Kreisen höheren Druckes? Was will es sagen gegenüber den gewaltigen Luftmassen, die fort und fort von den Regionen höheren Druckes zum niedrigeren Druck in Bewegung sind; was will es sagen gegen die mit dem Luftgolfstrom heranziehenden Massen?

Doch betrachten wir nun die einzelnen Depressionen dieser Art auf ihre Ausgleichung.

Depressionen ohne Deckelströme.

Zu 1a). Gabelungen, wie sie hier in Betracht kommen, entstehen zunächst vor einem hohen Luftdruck.

Die Begleitströme blasen den hohen Luftdruck aus, dafür entsteht die Depression. Ist sie da, so ist die Ursache der Gabelung beseitigt und nunmehr offene Bahn für das Eintreten des geradlinig blasenden Stromes vorhanden, der dann auch eintritt und den Ausgleich bewirkt.

Liegt die Ursache der Gabelung aber im Gelände, so wird die hinter dem Hinderniss entstehende Depression dadurch verschwinden, dass sie Luft aspirirt. Dieses Heransaugen der Luft ist leicht, wenn die Gabelströme langsam dahin fliessen und wird um so schwerer, je stärker sie blasen. Die gleiche Depression wird also den Strömen gegenüber ungleiche Kraft haben. Zur Macht und Wirkung gelangt sie, sobald die Aspiration stärker ist, als die Kraft der Gabelströme zur Erregung von Begleitströmen.

Die Ausgleichung erfolgt oft so, dass man die ·betreffenden Ströme nicht wahrnimmt; wenn sie wahrnehmbar auftreten, sind sie als Einbuchtungsströme oder als Umkehrströme zu bezeichnen. (Vgl. Fig. 25 auf Tafel III.)

Die Ausgleichung tritt der Zeit nach namentlich dann ein, wenn die die Depression erzeugenden Ströme an Heftigkeit nachlassen.

Zu 1 b): Die Depressionen, welche aus verschiedener Bewegung von Parallelströmen entstehen, finden ihren Ausgleich durch drehende ja wirbelnde Winde, wie das hundertfältig im Kleinen beobachtet werden kann.

Depressionen unter Deckelströmen.

Zu 2a): Das Gleiche wie bei 1b) geschieht, wenn sich die Depressionen unter dem Einfluss von Deckelströmen bildeten. Die Ausgleichströme bekommen durch die Deckelströme meist grössere Schnelligkeit, weil die Deckelströme durch ihre die Luft entführenden Begleitströme die Aspirationskraft der Depression vergrössern.

Zu 2b): Steht ein luftverdünnter Raum so hinter einem Geländehinderniss, dass er oben und seitlich durch die von den Hauptströmen erregten Begleitströme ausgeblasen wird, so wird die Ausgleichung meistens dadurch hervorgerufen, dass ein Theil des Deckelstromes nach unten umbiegt und als Gegenstrom in die Depression geradlinig hineinbläst.

Die Seitenströme werden meist nur leicht hineingebogen in den aspirirenden Raum, selten stark hineingezogen. Geschieht es, so entstehen mitunter volle Wirbel, von denen der eine rechts, der andere links dreht.

Zu 2c): Liegen die Verhältnisse so, dass der Deckelstrom allein die Luftverdünnung hervorruft, dann treten Fallwinde auf, die also schräg von oben, meist auf der Oberfläche des steil abfallenden Geländes zu Thal blasen.

Auch kann durch Aspiration ein Gegenstrom in der Tiefe erzeugt werden.

8. Stürme.

Für den an einem bestimmten Punkte der Erde stehenden Beobachter wird bereits eine Bewegung der Luft von 15 m in der Secunde als Sturm empfunden.

Wenn wir nun bedenken, dass die Luft unter dem Aequator sich scheinbar langsam von Ost nach West bewegt, so muss, wie schon immer betont ist, ihr eine latente Bewegung von West nach Ost in Uebereinstimmung mit der Erddrehung inne wohnen, die etwas geringer ist, als die Umdrehungsschnelligkeit der Erde unter dem Aequator. Da diese 464 m ist, so würde der Luft eine Bewegung von z. B. 460 in der Secunde zuzuschreiben sein.

Nun wissen wir, dass durch die Ausformung des Festlandes die Luft aus den Tropen fortwährend abgedrängt und dadurch ein Abströmen in Richtung nach den Polen herbeigeführt wird. Wenn die Ströme von 460 m Schnelligkeit ohne Hinderniss unter Bewahrung ihrer Schnelligkeit nach N vordringen könnten, so würde unter dem 7.° die scheinbare Bewegung von Ost nach West verloren sein und es würde von da bei weiterem Vordringen nach N die westliche Richtung hervortreten. Bereits unter dem 17.° müsste dann, da die Erde sich dort nur mit 444 m in der Secunde bewegt, Sturm herrschen, der mit jedem Grade weiteren Vordringens nach Norden sich verstärken würde.

In diesen Thatsachen haben wir die erste und allgemeinste Ursache der Stürme zu suchen. Die zweite Ursache liegt in dem Bestreben der Luft, Ungleichheiten im Druck zu beseitigen. Es wird also in der Regel bei einer Depression Zustrom, bei einem Maximum Abstrom eintreten.

Der Weg, welchen die Luftmassen vom Aequator zum Pol nehmen, ist auch ein Weg der Stürme. Wenn nicht immer Sturm herrscht, so liegt das in den gewaltigen Hindernissen, welche die trägeren Luftmassen höherer Breiten dem Eindringen äquatorialer Ströme entgegensetzen und in der unglaublichen Elasticität der Luft, welche selbst starke Ströme auf kurze Strecken hin abzuschwächen versteht. Es wäre eine ganz falsche Vorstellung, anzunehmen, dass sich den äquatorialen Abströmungen die Wege freiwillig öffnen. Sie öffnen sich nur den fortwährend erneuten Impulsen vom Aequator her, sie öffnen sich nur im Kampfe.

Wäre es anders, unsere Breiten müssten ein Tummelplatz von Stürmen mit solcher Gewalt sein, dass die Bewohnbarkeit Europas ausgeschlossen wäre, während doch gerade unser Klima durch die uns vom Aequator zuströmende Luft hervorragend begünstigt ist.

Im Allgemeinen folgt die Bewegung der Luft dem Gefälle, wie es durch das Barometer nachgewiesen wird, in einzelnen Fällen jedoch nicht. Das Gefälle der Luft ist zudem äusserst veränderlich und nicht mit den Verhältnissen beim Wasser vergleichbar. Auch ist zu beachten, dass das Fallen des Barometers nicht eine Verminderung in der Höhe der Luftsäule, sondern nur eine Verdünnung, bezw. eine Verschiebung in den Dichtigkeitsverhältnissen der Luftsäule anzeigt. Nur in einzelnen Punkten ist Aehnlichkeit zwischen Wasser und Luft vorhanden. Sobald sich z. B. dem Abfluss des Wassers ein Hinderniss entgegensetzt, staut es vor diesem auf, es sucht das Hinderniss mit Hülfe des erhöhten Niveaus zunächst zu umgehen, hinter dem Hinderniss wird der Wasserstand niedriger, dadurch steigert sich der Druck des Aufstaues, das Wasser erhöht die Schnelligkeit seiner Bewegung, wirbelt, zeigt sogar Ströme, die nicht mehr dem Hauptgefälle folgen, kurz, es sucht auf alle Weise das Hinderniss zu beseitigen.

Aehnlichen Symptomen begegnen wir auch bei der Bewegung der Luft.

So bedeutet hoher Luftdruck im Wege eines Luftstromes in der Regel, dass der Strom in der gesetzmässigen und gewiesenen Richtung Hindernissen begegnet. Vor dem hohen Luftdruck mässigt sich dann entweder die Geschwinkeit des Zustromes, er staut auf, oder der

Strom sucht das Hinderniss zu umgehen. Mitunter bringt der durch Stau vermehrte Luftdruck dann die hinter dem Hinderniss belegene Luft in rascheren Strom. Die Bahn wird frei. Es kann dann wieder ein ruhiger Weiterstrom innerhalb der Bahn einsetzen.

Ein Luftdruck, der in Richtung des Abstromes niedriger wird, zeigt an, dass die Bahn frei ist. Dabei kommt es auf die Höhe des Barometerstandes nicht an, sondern nur auf die Differenzen. Daher sehen wir, dass die Luftströme an Gewalt zunehmen, je mehr sich vor einem vorhandenen Windstrome Gebiete mit niedrigerem Drucke öffnen.

Wenden wir das auf die Verhältnisse des Luftgolfstromes an, so wird hoher Druck in der Bahn begleitet von abschwächenden Winden aus westlichen Richtungen, dann folgen Windstillen mit wachsendem Druck, endlich setzen östliche Winde ein mit weiterer Zunahme des Gebietes hohen Luftdruckes. In anderen Fällen stellen sich Verlegungen der Bahn ein unter Auftreten von Nord- und Südwinden.

Der Luftgolfstrom zeigt uns ebenso wie die anderen aus den Aequatorialgegenden abfliessenden Luftströme in dem Gebiet, wo sich die Drehung aus der östlichen Richtung in eine westliche vollzieht, ein Gebiet der Stürme.

Die Stürme ziehen in der Bahn der umbiegenden Ströme einher und auf allen Karten werden auf Grund zahlreicher Erfahrungen ihre Bahnen fast übereinstimmend mit der Bahn der Meeresströmungen gezeichnet. (Vgl. Fig. 27 auf Tafel III.)

Beide entspringen ja auch ganz gleichen Ursachen und so ist dieser Parallelismus, wie schon hervorgehoben, durchaus erklärlich. (Vgl. auch Karten 6, 7, 9 und 11.)

Die Stürme selbst werden durch die tiefen Depressionen hervorgerufen, welche sich aus den im vorigen Abschnitt besprochenen Gründen gerade in den Biegungsbahnen leicht einstellen.

Sie sind geradlinig blasende, wenn der Strom aus anderen Gründen als der Aspirationskraft der Depression in die alte Bahn zurückkehrt, also etwa durch Landwinde in die Bahn zurückgedrückt wird.

Sie sind richtige Wirbelstürme, wenn sie den Ausgleich auf dem Wege der Aspiration erzwingen müssen. Klar ist auch, dass sie unter solchen Verhältnissen, je nachdem die Ursache weiter besteht, auf einem Flecke bleiben oder fortwandern können.

In dem Gebiete des Luftgolfstromes, in welchem die Südwestrichtung am schärfsten zum Ausdruck kommt, also vom 40.° nördlich, blasen hingegen der Hauptsache nach geradlinige Stürme.

Erwägt man aber wiederum, dass in der Südwestrichtung mit jedem Grade mehr, den ein Strom in nördliche Breiten vordringt, die Componente West zu grösserer Kraft gelangt, so ist klar, dass auch diese Stürme stets die Neigung haben von SW nach W zu drehen.

Die Drehung vollzieht sich jedoch auf so langem Wege, dass es sehr zur Verwirrung der Anschauungen beiträgt, wenn man so mässig drehende Stürme in den Begriff der Cyclone einbezieht.

Ein Wind, der ungehindert in der Strasse des Luftgolfstromes blasen kann, erfährt vom 46. Breitengrade an folgende Beschleunigungen seiner Westcomponente bis zum

$$48.° \text{ n. Br.} = 12 \text{ m,}$$
$$50.° \text{ „ „ } = 12 \text{ m,}$$
$$52.° \text{ „ „ } = 13 \text{ m,}$$
$$54.° \text{ „ „ } = 13 \text{ m,}$$
$$56.° \text{ „ „ } = 13 \text{ m.}$$

Um so viel langsamer dreht sich nämlich die Erde in der nördlicheren Breite.

Es kann also innerhalb Deutschlands ein mit mässiger Geschwindigkeit dahinfliessender SW-Windstrom alle Phasen von der Windstille bis zum Orkan durchmachen, es kommt nur darauf an, dass er nicht durch irgend welche Verhältnisse gehemmt wird. Ein Windstrom, der das Gebiet mit einiger Stärke betritt, kann natürlich noch viel leichter sich bis zum Sturm verstärken. Solche Stürme treten i. d. R. als geradlinig blasende auf.

Von der nach vielen Richtungen hin interessanten Sturmperiode des Februars 1894 mag hier die Windkarte vom 7. Februar Mg. gegeben werden (Fig. 28 auf Taf. III), welche die Lage zeigt, nachdem am 6. früh ein Hoch über Deutschland gelagert hatte, was durch abbiegende Ströme ausgeblasen war (Fig. 24 auf Taf. III). Mit Verschwinden des hohen Druckes, des Hindernisses in der Bahn, setzt der geradlinig blasende Sturm wieder ein und er bläst nun bis zum 12. Februar, mit welchem Tage er sich zur vollen Orkanstärke erhebt. Die Windkarte für den Höhepunkt, also 12. Februar Abends (Fig. 29 auf Taf. III), lässt ebenfalls den geradlinig blasenden Sturm aufs deutlichste erkennen.

Während der ganzen Sturmperiode liegen Depressionen im Norden. Sie ziehen bald hierhin bald dahin, bald vertiefen sie sich, bald verlieren sie an Tiefe. Ihren ungefähren Weg zeigt die anliegende Karte. (Fig. 30 auf Taf. IV.)

Einfluss erhalten sie erst, als sie, aspirirt von den Begleitströmen des Sturmes selbst, sich nahe an die Bahn des Sturmes verlegen. Der geradlinig blasende Sturm wird dadurch und damit zur Orkanstärke gehoben.

Stürme schreiben ihre Bahnen mit gewaltiger Schrift mitunter in unsere Waldungen ein und es ergiebt sich da ein Material für das Studium, was von der Meteorologie noch nicht genügend ausgenutzt wird. Einer der bösesten dieser Art durchbrauste Deutschland am 12. und 13. März 1876. Nach der von Bernhardt (Zeitschrift für Forst- und Jagdwesen IX) gegebenen statistischen Karte ist er, abgesehen von unbedeutenden Abweichungen, die fast räthselhaft erscheinen, aus gleicher Richtung gekommen, er hat sich geradlinig fortgesetzt. Ja, es hat sich nach den Aufzeichnungen der Oberförster feststellen lassen, dass die Schadenswirkung, der Zeit nach, in folgender Weise eingetreten ist:

Auf dem 4.⁰ ö. L. um 7 Uhr Abends am 12. März
„ „ 6.⁰ „ „ „ 9 „ „ „ 12. „
„ „ 8.⁰ „ „ „ 11 „ „ „ 12. „
„ „ 10.⁰ „ „ „ 1 „ Morgens „ 13. „
„ „ 12.⁰ „ „ „ 2 „ „ „ 13. „
„ „ 18.⁰ „ „ zw. 6 u. 7 Uhr „ „ 13. „

Halten wir fest, wie leicht aus der inneren Bewegungskraft heraus ein vorhandener milder Südweststrom sich zu Sturmesstärke erheben kann, sobald nur die Hindernisse fortgeräumt sind und er nach Norden vordringen kann, so erklärt sich damit nunmehr auch die sonst räthselhafte Erscheinung, wie sie die local eng begrenzten, aber mit ungeheurer Kraft auftretenden Stürme zeigen. Es mag dafür ein Beispiel angeführt werden. Die Windstärken, Richtungen und die Verhältnisse des Luftdruckes am 28. Juli 1895 sind aus der gegebenen Karte (Fig. 31 auf Taf. IV) ersichtlich.

Am 28. Juli Morgens war demnach die Wetterlage so, dass wohl Niemand einen Sturm erwartet hätte und doch öffnete sich im Laufe des Tages auf der eingezeichneten Linie eine Bahn, die von einem geradlinig blasenden Strom benutzt wurde.

Die Ursache, dass Sturm entstehen konnte, muss in dem Abströmen der Luft aus dem Gebiet nördlich dieser Linie nach Norden (also mit südlichen Winden) zu suchen sein, sowie in dem Abstrom am Ende der Linie mit Westwind nach Osten und endlich darin, dass südlich der Linie der Oberwind hauptsächlich aus W. als Deckelstrom blies und daher Ersatz von Luft in die sich öffnende Sturmbahn nicht eintreten konnte.

Der untere S.W-Luftstrom, welcher den Anfang dieser Bahn im Westen betrat, fand nun die Verhältnisse so günstig, dass er seine innere Kraft mit furchtbarer Gewalt zum Ausdruck bringen konnte.

Merkwürdig an diesem Sturme ist dann ferner, dass seine Dauer eine sehr kurze war. Er brauste vorüber in 10—15 Minuten, vorher und nachher war die Bewegung schwach. Wenn nicht in unseren Wäldern durch die Verwüstungen die Bahn festgelegt wäre, man würde die ganze Erscheinung auf irrthümliche Beobachtung zurückführen.

Die Bahn des Sturmes vom Reinhardswald durch den Bramwald über die Oberförsterei Catlenburg bis Osterode und Goslar liegt genau in einer Linie. Hier haben wir es, wie auch die Zeitangaben ohne Weiteres erkennen lassen, mit demselben Sturmphänomen zu thun. Aus der Art, wie die Stämme gebrochen und gelagert waren, liess sich auch ganz bestimmt nachweisen, dass der Sturm ein geradliniger war.

Verlängert man die Linie nach S W, so ergiebt sich, dass die Oberförsterei Saarlouis nur ein wenig südlich bleibt.

Auch dort ist das gleiche Phänomen beobachtet und die Schäden sind gleichartig mit denen in Catlenburg und Osterode.

Für Saarlouis wird als Zeit angegeben 7 Uhr Abends, so dass also der Weg von dort bis Osterode, wo der Sturm nach 12 tobte, in 5 Stunden zurückgelegt wurde.

Wie häufig bei uns überhaupt die geradlinigen Stürme sind, wird man leicht finden, wenn man die meteorologischen Karten nicht minder nach der Lage der Minima prüfen und nach den drehenden Winden ansehen wird, als nach den Bahnen der geradlinig verlaufenden Winde. Das barische Windgesetz gilt augenblicklich fast als alleiniges, während es doch nur eins der Gesetze ist, nach denen die Bewegung der Luft und namentlich die stürmische Bewegung sich regelt.

Um hier den Unterschied zwischen den geradlinig blasenden Stürmen und den Drehwindstürmen unserer Breiten auch kartographisch zum deutlichen Ausdruck zu bringen, fügen wir die Wetterkarte vom 13. December 1895 bei (Fig. 32 auf Taf. IV). Ein Blick auf die Karte genügt, um den Charakter dieses Sturmes gegenüber den bisher dargestellten zu erkennen.

Trotz der deutlichen Sprache dieses Bildes ist aber in Erwägung zu nehmen, dass sich bei näherer Prüfung der grösste Theil solcher Cyclone nicht erweist als ein thatsächlich drehender Windstrom, sondern als ein System von Windströmen, von denen jeder nur um ein Bestimmtes von der geraden Linie abweicht.

Um das zu erläutern, wollen wir an Folgendes erinnern:

Fixiren wir die Bewegung eines Wagenrades für einen gegebenen Augenblick, so erscheint uns die Bewegung eine kreisförmige, der thatsächliche Weg aber, den jeder einzelne Punkt des Radreifens zurücklegt, ist keineswegs ein Kreis, sondern eine Cycloide (annähernd eine Wellenlinie).

Gerade so fixiren wir mit den gleichzeitig angestellten Windbeobachtungen das Bild des ganzen Windsystems in einem gegebenen Augenblick, während thatsächlich der Weg, den jedes Lufttheilchen bei dieser Zusammensetzung des Bildes nimmt, ein ganz anderer ist, oder wenigstens sein kann, als ein um das fixirte Minimum umlaufender.

Gesetzt, es würde in einem gegebenen Augenblicke Windrichtung und Windstärke eines thatsächlich umlaufenden Windes wie folgt festgestellt: $W = 20$ m, $SW = 16$, $S = 12$, $SE = 8$, $E = 4$, $NE = 8$, $N = 12$, $NW = 16$, so würde das Momentbild die Fig. 33 darstellen, wenn jede Windrichtung gleich lange Zeit in Kraft bleibt. (Vgl. Fig. 33 auf Tafel IV.) Der thatsächliche Weg aber, der von einem Lufttheilchen durchlaufen wird, ergiebt sich durch Construction so, wie ihn Figur 34 auf Tafel IV zeigt.*)

Nehmen wir die Wetterkarte vom 13. December 1895 (Fig. 32 auf Taf. IV), so lassen sich nur die nahe um das Tief verzeichneten Windströme als wahrscheinlich umlaufende bezeichnen. Berechnung und Construction ergeben die Möglichkeit hiervon, namentlich wenn man eine Verlegung des Tiefs nach S, wie sie thatsächlich eintrat, in Betracht zieht. Die weiteren Kreise, welche der Wirbel zeigt, sind aber keinesfalls wirklich umlaufende Winde.

Wenn dem Luftgolfstrom in seinem Vordringen grosse Hindernisse entgegentreten, so kann, wie wir gesehen haben, der wahrnehmbare Strom aus westlichen Richtungen nicht nur vollständig zur Ruhe kommen, also die Bewegung so weit abgeschwächt werden, dass die Luft gerade so schnell von Westen strömt, wie die darunter liegende Erdregion sich dreht, sondern es kann der Luftstrom noch weiter abgeschwächt werden, so dass er dann als östlicher Wind empfunden wird. Verwandelt sich auf diese Weise ein Südwestwind in einen Nordoststrom, so muss dieser, indem er nach Süden vordringt, wieder an Schnelligkeit gewinnen, wenn er für unsere Empfindung in gleicher Stärke verbleiben soll. Er muss soviel gewinnen, wenn die wahrnehmbare Bewegung dieselbe bleiben soll, als die Erde sich rascher dreht in der gewonnenen südlicheren Breite. Gewinnt er diese Bewegung nicht, so verstärkt sich die Kraft der östlichen Richtung immer mehr und er kann gerade so bis zur Sturmstärke anwachsen, wie umgekehrt der Südweststrom bei seinem Vordringen nach Norden.

Die Stürme, welche aus der inneren Bewegung des Luftgolfstromes in unseren Breiten entstehen, blasen eben nicht nur aus westlichen Richtungen, sondern auch aus östlichen Richtungen.

Der Sturm aus westlicher Richtung tritt bei uns ein, wenn der Luftgolfstrom von der in den Tropen gewonnenen Geschwindigkeit

---

*) Dass wirkliche Wirbel thatsächlich solche Wege gehen, wie hier einer construirt ist, wolle man auch aus der hier nach Ule, (die Erde und die Erscheinungen ihrer Oberfläche, Braunschweig, Otto Salle) gegebenen Zeichnung ersehen. (Vgl. Fig. 35 auf Tafel IV.)

beim Vordringen nach Norden hin zu wenig einbüsst. Bei Stürmen dieser Art braucht also der Druck in der Bahn durchaus nicht immer niedrig zu sein, wie z. B. der 7. Februar 1894 beweist, dessen Windkarte Fig. 28 auf Taf. III gegeben ist.

Der Sturm aus östlicher Richtung hingegen wird gefunden, wenn er zu viel davon einbüsst, wenn also die Hindernisse, die sich der Fortbewegung des Luftgolfstromes entgegenstellen, zu gross werden.

Halten wir fest, dass hoher Druck in dem Gebiet des Golfstromes das Zeichen eingetretener Hindernisse für den Zustrom von Westen her ist, so ist klar, dass ein Sturm aus östlichen Richtungen immer nur bei hohen Barometerständen erfolgen kann.

Oststürme treten meistens geradlinig auf, wie die Wetterkarten beweisen.

Wir haben hier die Karte vom 2. Januar 1894 ausgewählt, auf der die Sturmbahn in sehr klarer Weise hervortritt, und wohl kein Zweifel möglich ist, dass wir es mit einem geradlinigen Sturm zu thun haben (Fig. 36 auf Taf. IV).

Der südlich der Sturmbahn gekennzeichnete Wirbel ist eine der secundären Erscheinungen.

Die Karte vom 9. Januar 1896, wo annähernd in derselben Bahn Sturm bei noch höherem Druck eintrat, zeigt gleichfalls geradlinige Sturmbahn, neben der die begleitenden Wirbel aber mehrfach auftreten (Fig. 37*) auf Taf. IV).

Wir können demnach die Stürme, welche wir auf die Kraft der Bewegung im Luftgolfstrome selbst zurückführen, folgendermaassen gruppiren:

1. Stürme, verbunden mit freien Depressionen in der Bahn des Stromes.

Sie sind geradlinige, wenn der Strom voll in die alte Bahn zurückkehrt und die Lücke durch die Bewegung im Zu- und Abstrom zu schliessen sucht.

Sie sind Drehwindstürme, wenn die Depressionen durch Aspiration Ströme zu sich hineinziehen.

---

*) Die eingetragenen Zahlen geben den Luftdruck in mm über 700, 83 bedeutet also Barometerstand 783.

2. Stürme, welche bei jedem Barometerstande eintreten können, und lediglich dadurch hervorgerufen werden, dass die Fortbewegung des Luftgolfstromes gegen die unter diesem Strome sich fortbewegende Erde grössere Differenzen zeigt. Diese Stürme wehen meistentheils aus westlichen Richtungen, können aber ebenso gut als Ostwinde empfunden werden und sind fast immer geradlinig blasende.

Sie haben Ausdehnungen von sehr verschiedenem Umfange, durchlaufen also bald grössere bald kleinere Strecken.

Eine weitere Reihe von Stürmen sehen wir dann auftreten, die wir als Begleiterscheinungen von Hauptströmen namentlich geradlinigen aufzufassen haben und denen allen gemeinsam ist eine Wirbelbewegung mit verhältnissmässig geringem Durchmesser. Hier ist es nicht ein System von Winden, die nur im Momentbilde zum Wirbel sich vereinigen, sondern es sind thatsächlich umlaufende Winde.

Ueberall, wo ein rascherer Strom neben einem langsameren auftritt, kann ein Wirbel entstehen. Es bedarf zur ersten Entstehung der kreisenden Luftströme kaum einer Depression, die wirbelnde Bewegung wird allein durch die Verschiedenheit in der Geschwindigkeit, also durch dynamische Ursachen, hervorgerufen.

Unsere Wetterberichte der deutschen Seewarte haben ein zu weitmaschiges Netz von Stationen, um das Auftreten dieser kleinen Wirbel jedesmal, wenn ein örtlich begrenzter starker Strom auftritt, zu zeigen, und zwar so, dass der Wirbel voll geschlossen ist. Es gelingt nur in einzelnen Fällen; so traten am 9. Januar 1896 aus dessen Windkarte hier (Fig. 37 auf Taf. IV) ein Ausschnitt beigefügt ist, nördlich und südlich der Bahn des Hauptstromes die Wirbelansätze deutlich hervor. Auf der Karte vom 2. Januar 1894 (Vgl. Fig. 36 auf Taf. IV) ist südlich der Strombahn ein solch Wirbel markirt.

Welche besondere Ursachen noch hinzutreten müssen, um die wirbelnde Bewegung weiter zu verstärken, das wird wohl von Fall zu Fall verschieden sein. Jedenfalls gehört noch eine ganze Kette dazu, denn thatsächlich ist ein Sturm dieser Art gegenüber den oft eintretenden kreisenden Winden mit schwacher Bewegung eine Seltenheit. Es lässt sich vermuten, dass überall da leicht Sturmstärke erreicht wird, wo dass Vorhandensein einer Depression mit dem Entstehen von Winden zusammenfällt, die bereits aus dynamischen Ursachen drehen.

Je anhaltender und energischer dann die Ursache der Depression wirkt, um so mehr verstärkt sich die wirbelnde Bewegung.

Wird z. B. die Depression, wie es in unseren Breiten häufig der Fall ist, durch einen Deckelstrom hervorgerufen, bezw. durch dessen Begleitströme, welche die Luft oben absaugen, so wird die Luftverdünnung eine sehr rasch sich vollziehende und tiefe. In manchen Fällen lässt sich beobachten, wie dann der Durchmesser des Windkreises sich so verkürzt, dass man das ganze Phänomen übersehen kann. Es sind die Windhosen.

Diese Windhosen wandern und zwar meist in der Bahn an der Grenze des starken unteren Stromes, mitunter werden sie aber auch durch den Deckelstrom von da losgelöst und gehen dann besondere Bahnen.

Fast immer bewirkt die durch den Deckelstrom erzeugte Absaugung der Luft oben, dass die Wirbel zugleich in deutlichen, aufwärts steigenden Spiralen drehen.

Verfasser hat die Entstehnng einer Windhose aus solchen Ursachen einmal genau beobachten können, ihr Gang war später an den gebrochenen Stämmen im Walde deutlich sichtbar.

Die Oertlichkeit war der Südrand des Hardtwaldes, an den sich Karlsruhe anlehnt.

Der Wind blies und zwar mit plötzlich auftretender grosser Stärke genau von Westen nach Osten längs des Waldrandes. Der Strom, der auf den Wald selbst zustürzte, wurde durch diesen in seiner Stärke gebrochen, während er aussen und über dem Walde mit voller Gewalt blasen konnte.

Es war also vorhanden ein Deckelstrom und unter ihm ein ebenso oder annähernd so rascher und ein langsamer Strom. Die beiden raschen Ströme verdünnten die Luft im Waldrande. Der untere starke Strom verursachte dabei drehende Zuströme aus dem Innern des Waldes, der obere Strom vertiefte durch sein Absaugen trotz des Zuströmes die Depression.

Beide Momente brachten die Luft in die wirbelnde Sturm-Bewegung, der nun auf einer Strecke von etwa 3 km eine grosse Zahl von Altstämmen, namentlich Eichen und Kiefern, zum Opfer fiel.

6*

Das ganze Phänomen wiederholte sich einige Wochen später in genau derselben Bahn.

Bläst der Deckelstrom so niedrig, dass die aus der Erwärmung der Luft entstehenden Ausgleichungsströmungen bis zu ihm heranreichen, dann ist abermals die Möglichkeit eines schnell auftretenden und local engbegrenzten Wirbels gegeben. Die aufsteigende erwärmte Luft wird nämlich oben fortgeblasen und so unterhalb ein luftverdünnter Raum geschaffen, der, wenn die Ursache weiter anhält, stürmische Ausgleichungen durch Aspiration erheischt. Diese zieht die Luft von allen Seiten heran und verursacht dadurch in Verbindung mit dem oben fortdauernden Abstrom die wirbelnde Bewegung.

Die Erscheinung wird namentlich dann häufig sein, wenn die Richtung des Deckelstromes zusammenfällt mit derjenigen, welche sich oben in den kleinen vertikalen Kreisläufen zwischen warmen und kalten Luftsäulen abspielt.

Verfasser erklärt sich so einen Vorgang, dessen Zeuge er vor mehreren Jahren war. An einem warmen Frühjahrstage, an dem auf der Oberfläche nur ganz geringe Luftbewegung zu spüren war, erhob sich plötzlich ein Wirbel, etwa 20 Schritt von dem Beobachter. Aufmerksam wurde er durch das Rascheln des Laubes, was etwa so klang, wie wenn ein Hase aus dem Lager fährt. Das trockene Laub wurde aufgewühlt und erhob sich im stürmischen Tempo, dabei sich spiralig nach oben drehend, ca. 100 m hoch.

Die so umschriebene Säule hatte vielleicht 15 m Durchmesser. Die Säule stand in der Luft und zog langsam von SW nach NO. An ihrem oberen Rande zerflatterte sie, in den Deckelstrom gerathen, mit Richtung des Windes und das Laub fiel dann langsam zu Boden. An der Art, wie oben das Laub aus dem Wirbel gerissen wurde, konnte man deutlich den starken Deckelstrom erkennen.

Der Wirbel liess sich lange in seiner Bahn verfolgen, zuletzt nur noch in seinem oberen Theile, weil alles Laub so weit gehoben war.

Wichtig ist, dass in diesem Falle der Wirbel sich von der Ursprungsstelle loslöste, weiter wanderte und doch bestehen blieb. Hier, bei dieser Wanderung, wurde er ausschliesslich durch den Deckelstrom aufrecht erhalten, denn auch die seitliche Umrahmung durch die Wirbelwinde ist lediglich als Folge des Deckelstromes anzusehen.

Es ist wahrscheinlich, dass die häufig an heissen Tagen auftretenden Wirbelstürme mit sehr schmaler Bahn, welche nicht selten mit Hagel, namentlich aber mit Gewittern verbunden sind, einen Ursprung, wie den eben geschilderten haben.

Endlich haben wir noch die Stürme zu besprechen, die den Charakter der Bora und des Föhns haben.

Der Charakter des Föhns ist im Wesentlichen erforscht, nur auf Eins möchte noch aufmerksam gemacht werden, das sind die Wirkungen der Luftpressung, die er beim Aufstieg auf der im Winde liegenden Bergseite erfährt. Sie erwärmt ihn und wirkt also dahin, dass er beim Aufstieg weniger Wärme verliert als nach der erreichten Höhe sonst geschieht.

Ferner ist zu beachten, dass, wenn die Höhe erreicht ist, der Strom unter dem Einfluss eines Deckelstromes bleibt, also wieder unter Pressung. Diese bewirkt nun, dass der Wind mit verstärkter Schnelligkeit über die Berghöhe fährt. Es wird also die Zeit gekürzt, während welcher er mit den Schnee- und Eismassen des Hochgebirges in Berührung bleibt.

Auch deshalb kann er also den Nordrand der Alpenhöhen mit verhältnissmässig höheren Temperaturen erreichen. Von nun an gewinnt er durch Abstieg an Wärme. Wenn er anderseits durch Ausdehnung der Luft an Wärme verliert, so ist zu bedenken, dass diese Ausdehnung nur allmählich vor sich gehen kann, weil der Raum dazu sich erst allmählich durch den Abfall des Gebirges und die Oeffnung der Thäler ergiebt. Er gewinnt deshalb mehr an Wärme durch den Abstieg, als er durch Ausdehnung verloren hat.

Man hat den Föhn studirt im Gebiet der Alpen. Es ist jedoch klar, dass Winde mit gleichem Charakter überall da zu finden sind, wo die gleichen Bedingungen für ihr Entstehen gegeben sind. Freilich wird das Eigenartige um so mehr abgeschwächt auftreten, je sanfter die Hänge der Gebirge ansteigen, je niedriger die Kämme der Gebirge sind.

Aehnliches gilt auch von den Winden mit Bora-Charakter. Die Bora ist der Wind, welcher über dem nördlichen Theil des adriatischen Meeres weht, wenn es von Ost oder Nordost heftig bläst. Die Ausformung des Hinterlandes der dalmatinischen Küste ist so, dass diesen Ostwinden ein rascher Aufstieg fehlt mit den Pressungen an den Gebirgswänden durch die nachschiebenden Luftströme. Sie kommen über ein weites Gebirgsgebiet, bei dessen Ueberschreiten sie sich in ihren Temperaturen der Höhenlage angepasst haben.

So treten sie an den steil abfallenden Küstenrand, vor dem sich in mächtiger Ausdehnung die Adria in der Tiefe ausdehnt. Ist der Wind schwach, so geschieht nichts bemerkenswerthes, verstärkt er sich aber, so blasen seine Ströme als Deckelströme in Höhe der Gebirge über die tiefe Einsenkung fort und rufen Begleitströme an ihrer Grenze in dem unteren Raume hervor.

Die Begleitströme verstärken sich um so mehr, je heftiger der Deckelstrom weht und es entsteht nun über der Adria ein luftverdünnter Raum, dessen Aspirationskraft so stark wird, dass er den Deckelstrom zu stossweisen Bewegungen nach unten zwingt. Dabei dehnt sich die Luft so rasch und so viel aus, dass sie mehr an Wärme verliert als sie durch Abstieg gewinnt und deshalb wird die Bora als kalter Wind empfunden im vollen Gegensatz zum Föhn.

Sobald die Depression so weit ausgeglichen ist, dass ihre Kraft schwächer wird, als die der Deckelströme, hören die Stösse von oben auf, bis abermals die Deckelströme die Kraft der Depression gestärkt haben. So lange wiederholt sich das Spiel, wie die Gewalt der Deckelströme besteht, hört sie auf, so verschwindet auch die Depression.

Die Stürme, welche als Begleiterscheinungen der Hauptströme auftreten, sind hiernach folgendermaassen auseinander zu halten:

1. Echte Wirbelstürme mit thatsächlich umlaufenden Winden, Durchmesser sehr verschieden aber herabgehend bis zu sehr kleinen Grössen.
2. Geradlinig blasende Stürme entweder mit Föhn- oder Bora-Charakter.

Alle treten im Zusammenhang mit abhängigen Depressionen auf und zwar dann, wenn diese erhebliche Aspirationskraft gegenüber dem Hauptstrome erhalten haben.

———————

Additional material from *Die Kreisläufe der Luft,*
ISBN 978-3-662-32363-2, is available at http://extras.springer.com